高等学校网络空间安全专业系列教材

区块链技术及其应用

主　编　贺小亮

副主编　冯俊水

参　编　孙浩博　谷长贤　杜先刚

　　　　胡志明　秦娜敏

西安电子科技大学出版社

内 容 简 介

本书按照"基础理论→应用构想→前景展望"的思路,对区块链技术及其应用进行了全面、翔实的介绍。本书内容主要包括区块链概述、区块链的概念内涵、区块链的本质特征、区块链的技术架构、区块链的工作原理、区块链的军事应用构想和区块链的军事前景展望等。

本书可用作高等院校本科生及研究生学习区块链知识的教材,也可作为开展区块链国防知识教育的辅助教材和参考读物,还可供对区块链知识感兴趣的爱好者阅读。

图书在版编目(CIP)数据

区块链技术及其应用 / 贺小亮主编. --西安:西安电子科技大学出版社,2024.5
ISBN 978 - 7 - 5606 - 7249 - 6

Ⅰ. ①区…　　Ⅱ. ①贺…　　Ⅲ. ①区块链技术　　Ⅳ. ①TP311.135.9

中国国家版本馆 CIP 数据核字(2024)第 067765 号

策　　划　高 樱
责任编辑　高 樱
出版发行　西安电子科技大学出版社(西安市太白南路 2 号)
电　　话　(029)88202421　88201467　　　邮　编　710071
网　　址　www.xduph.com　　　　　　　电子邮箱　xdupfxb001@163.com
经　　销　新华书店
印刷单位　陕西天意印务有限责任公司
版　　次　2024 年 5 月第 1 版　　　2024 年 5 月第 1 次印刷
开　　本　787 毫米×960 毫米　1/16　　　印张　9
字　　数　154 千字
定　　价　29.00 元
ISBN 978 - 7 - 5606 - 7249 - 6 / TP
XDUP 7551001-1

* * * 如有印装问题可调换 * * *

前　言

　　科学技术的不断发展，特别是以区块链技术为代表的高新技术的出现，为解决经济、物流、军事等问题提供了新思路，引起了人们的广泛关注。区块链技术被认为是一种具有变革性、颠覆性的互联网技术框架，目前已在数字货币、物联网、敏感数据存储等方面得到了应用，并逐渐扩大到人们生活的各个领域，展现出了非常好的应用前景。本书对最基础、最全面的区块链知识进行整理，系统介绍了区块链的概念内涵、本质特征、技术架构、工作原理、军事应用构想及军事前景展望等内容，既突出了较强的理论性，又包含了拓展与实践，全景呈现了区块链知识及其应用。

　　全书共分为 7 章。第 1 章按照时间脉络，以区块链的演进版本为重点，从历史起源、发展历程、基本特点、优势与不足、发展趋势五个方面对区块链的基本情况进行了全面介绍。第 2 章针对区块链的概念内涵，从区块链的定义、流行的原因及应用三个方面进行了深入分析，并对区块链的标准化和规范化工作及区块链的版本类型进行了介绍。第 3 章围绕去中心化、匿名性、分布式、不可篡改性、可追溯性、开放性六个方面，详细阐述了区块链的本质特征。第 4 章主要对区块链技术架构中的数据层、网络层、共识层、激励层、智能合约层及应用层进行了介绍。第 5 章结合区块链的工作原理，重点介绍了区块链交易的产生，区块链数据的传播，区块链数据的验证，区块链区块的产生、验证及更新。第 6 章着眼区块链的军事应用构想，重点从军事指挥、军事安全认证、军队物资管理、"宙斯盾"舰等方面进行了阐述。第 7 章主要对区块链在作战指挥、数据传输、军事物流、人力资源管理、无人机集群作战等领域的应用前景进行了展望。

　　本书第 1 章和第 2 章由秦娜敏、贺小亮编写，第 3 章由谷长贤、冯俊水编写，第 4 章由杜先刚编写，第 5 章由胡志明编写，第 6 章和第 7 章由孙浩博、贺小亮编写。全书由贺小亮、冯俊水和孙浩博统稿。

　　为了增加本书的权威性，我们在编写过程中充分借鉴了国内外相关权威资料，查阅了大量文献资料，尽可能做到表述精确、客观、翔实；书中还加入了部分图表资料，力图增加阅读的趣味性，以启发读者的思维。此外，由于近年来国内外区块链技术发展日新月异，书中某些观点不可避免地存在一定的历史局限性，部分表述也可能存在一定的偏差，请读者在阅读时结合区块链的最新发展动态及相关权威资料一并学习，也恳请读者提出宝贵意见。

编　者

2024 年 1 月于西安

目　录

第 1 章　区块链概述

区块链是 21 世纪最前沿的现象级概念，是全球各大金融机构和顶级银行都在大力投资和追逐的新兴领域。概述区块链最直接的词汇就是"分布式账本"，那么，区块链为什么这么火呢？本章主要对区块链的基本情况进行阐述，重点对区块链的历史起源、发展历程、基本特点、优势与不足进行探讨，为读者奠定对区块链的初步认知。

1.1　区块链的历史起源

区块链技术的起源可以追溯到 1991 年，当时 Stuart Haber 和 W. Scott Stornetta 提出了一种计算上实用的解决方案，即为数字文档添加时间戳以防止它们被篡改，并可以回溯。为此，他们利用了加密安全的块链概念来开发一个系统以存储带时间戳的文档。

Merkle Trees 是一项早在 1992 年就被提出的技术，用于加强区块链的效率。这一技术允许将多个文件收集到一个区块中，并用于创建"安全的街区链"。Merkle Trees 存储了一系列数据记录，并将每个数据记录连接到它之前的数据记录，如图 1.1 所示。这样最新的数据记录就包含了整个链的历史。虽然 Merkle Trees 是一项先进的技术，但它在 2004 年的专利已经失效，并且目前还没有被广泛应用。

2004 年，计算机科学家和密码活动家 Hal Finney 开发了一个名为"可重用工作证明"(Reusable Proots of Work，RPoW)的系统，作为数字现金的原型。这是加密货币历史上重要的早期工作之一。RPoW 系统通过接收基于 Hashcash 的不可交换或不可替换的工作证明令牌来工作，并且作为回报创建了 RSA 签名的令牌，这些令牌可以在人与人之间进行转移。

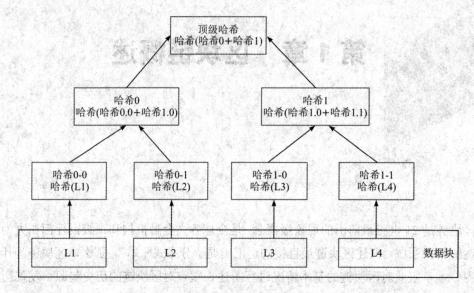

图 1.1   Merkle Trees

为了解决双重花费问题，RPoW 系统利用可信服务器上注册的令牌来保持所有权，并且通过该服务器使全球用户能够实时验证令牌的正确性和完整性。

然而，随着时间的推移，2008 年，一个使用化名"中本聪"(Satoshi Nakamoto)的个人或团队发布了一篇名为《比特币：一种点对点电子现金系统》的白皮书。这篇白皮书详细描述了一种去中心化的数字货币系统，这就是比特币的雏形。

在该白皮书中，中本聪提出了一种名为区块链的技术概念，用于解决传统金融系统中存在的信任和中心化问题。区块链被描述为一个分布式的公共分类账，记录着所有参与者的交易和账户余额，并通过密码学算法确保安全性和可靠性。

2009 年，中本聪发布了比特币的开源软件，实现了第一个区块链网络。比特币的区块链由一系列数据块组成，每个数据块包含了一定数量的交易记录。通过工作量证明(Proof of Work，PoW)算法，参与者可以竞争性地解决复杂的数学问题，从而获得比特币的奖励，经验证后添加新的区块到区块链上。

之后，区块链技术的应用逐渐扩展到其他领域。2013 年，以太坊项目创始人 Vitalik Buterin 提出了一个基于区块链的智能合约平台的概念。以太坊通过引入自己的加密货币以太币(Ether)，并提供更灵活和可编程的区块链平台，使得开发者能够构建和运行各种分布式应用程序。

从此以后，区块链技术开始吸引了广泛的关注和应用。许多企业、组织和政府开始研究和实践区块链技术，探索其在金融、物流、供应链、医疗、版权保护等领域的潜力。同时，还出现了许多其他公链项目，如莱特币、比特币现金等，它们都在不同的方向上对区块链技术进行了改进和拓展。

随着时间的推移，区块链技术持续发展，并逐渐进入大众视野。各国政府和国际组织开始关注和探讨区块链的监管和标准化问题。此外，随着区块链技术的不断创新和应用实践，人们对其未来的发展充满了期待。区块链技术具有改变现有的商业和社会模式的潜力，能够带来更高效、透明、安全和可信的交易与数据管理方式。

随着数字经济的深入发展，新一代信息技术，如区块链、大数据、人工智能等，正在日益融入经济社会发展的各领域，它们已成为重组全球要素资源、重塑全球经济结构、改变全球竞争格局的重要力量。区块链技术具有多方共识、不可篡改、透明可追溯等特征，可助力构建数字经济信任基础设施，形成产业链分布式可信协作网络，并推动实现更加强劲、绿色、健康的全球发展。

1.2　区块链的发展历程

区块链的历史可以追溯到 20 世纪 80 年代和 90 年代，当时密码学家和数学家开始研究分布式计算和数字签名技术，他们于 1991 年提出了一种用于保证电子文档不被篡改的技术。该技术被认为是区块链技术的雏形。

2008 年，一个使用了分布式账本技术的数字货币——比特币诞生了。比特币使用了一种叫作"区块链"的技术来记录交易记录和货币发行信息。区块链将交易记录和货币发行信息记录在一个去中心化的数据库中，实现了去中心化的数字货币交易。

自比特币诞生以来，区块链技术逐渐引起了人们的广泛关注和研究。在 2013 年之前，区块链技术主要应用于数字货币领域，用于记录比特币的交易信息和货币发行信息。随着时间的推移，人们开始探索区块链技术在其他领域(如金融、物联网、能源、医疗等领域)的应用。自此之后，区块链技术的发展迅速，同时也涌现出了许多创新的区块链项目。

区块链技术的演进经历了以下四个阶段。

1.2.1　区块链 1.0

区块链 1.0 是指最早期的区块链技术，它是比特币区块链的最初版本。比特币是第一个基于区块链技术的数字货币，是由中本聪在 2008 年提出的。比特币区块链采用了一种去中心化的方式来存储和验证交易数据。在比特币区块链中，每一个新的交易都会被记录在一个新的区块中，并且每一个区块都会包含前一个区块的哈希值，形成一个不可篡改的链条，因此得名为"区块链"。

区块链 1.0 相对来说比较简单，只具有一些基本的功能，主要用于存储和传输数字货币。由于比特币区块链的出现，区块链技术开始被广泛认识和应用，区块链 1.0 也逐渐得到了一些拓展和应用。

除了比特币之外，其他数字货币也采用了类似的区块链技术。同时，人们开始探索将区块链应用到其他领域。例如，在物联网领域，区块链可以用来存储和管理设备之间的数据交换；在金融领域，区块链可以用来进行跨境支付和结算；在政府和公共服务领域，区块链可以用来管理公共记录和文件，提高其透明度和公开性。

总之，区块链 1.0 是区块链技术的最初版本，它主要应用于数字货币领域，但是随着区块链技术的不断发展，它的应用范围也在不断扩大。

1.2.2　区块链 2.0

区块链 2.0 是区块链技术的一个进化阶段，它在区块链 1.0 的基础上进一步探索和发展了区块链技术的应用和功能，提出了更加复杂的智能合约和去中心化应用(DApps)的概念，为区块链技术的应用拓展了更广阔的空间。

区块链 2.0 的主要特点是具备智能合约能力。智能合约是一种可以在区块链上自动执行的计算机程序，它们可以在没有第三方的情况下管理合同、协议和交易。智能合约的特点是可编程、自动执行、去中心化、不可篡改，可以用于支持复杂的金融合约、投票、物联网、供应链管理等应用。

区块链 2.0 的另一个特点是去中心化应用(DApps)。DApps 是一种基于区块链技术的去中心化应用程序，不依赖于中央服务器或中央管理机构，用户可以通过区块链进行互动和交流，具有高度的透明性、安全性和可扩展性，为各种应用场景提供了新的解决方案。区块链 2.0 还引入了多链技术，即在一个区块链系统中可以同时存在多个独立的区块链，每个区块链可以有不同的规则和共识机制，实现不同的功能和应用，提高了系统的可扩展性和灵活性。

总的来说，区块链 2.0 的出现使得区块链技术的应用更加多样和灵活，可以应用于更广泛的领域和场景。

1.2.3　区块链 3.0

区块链 3.0 是一种新的区块链技术，旨在通过引入更多的智能合约、去中心化自治组织和分布式应用程序来进一步提高区块链的可扩展性、可互操作性和安全性。与区块链 1.0 和 2.0 不同，区块链 3.0 的关注点是实现真正的去中心化、自治和可编程的经济生态系统。

区块链 3.0 通过引入新的共识机制和分布式存储技术，可以处理更高的交易量和更大的数据量。这使得区块链 3.0 可以支持更广泛的应用场景，如金融、物联网和供应链管理等。区块链 3.0 通过使用智能合约和协议标准来实现跨链互操作性。这意味着不同的区块链可以相互连接，从而实现数据和价值的无缝转移。区块链 3.0 的智能合约具有更高的灵活性和可编程性，可以实现更多的业务逻辑和复杂的合约条件。这使得区块链 3.0 可以支持更广泛的应用场景，如金融衍生品和去中心化交易所等。区块链 3.0 支持创建去中心化自治组织，这些组织可以自主管理和决策，而无须任何中心化机构的干预。这为实现真正的去中心化经济生态系统打下了基础。

总的来说，区块链 3.0 是为了实现更高级别的去中心化、自治和可编程性而发展出来的。它将推动区块链技术的应用范围更加广泛，同时也为人类社会的进步和发展带来更多的机遇和挑战。

1.2.4　区块链 4.0

尽管"区块链 4.0"目前还没有一个被普遍接受的明确定义，但它代表了区块链技术的未来前景和潜在创新。这一概念在多个方面呈现了进一步的发展和演进。

第一，它涵盖了将人工智能(AI)和机器学习与区块链融合的可能性，从而实现了更智能的智能合约、更准确的数据分析和预测以及更高效的自动化决策。这一整合将有望提升区块链的智能性和适应性。

第二，区块链 4.0 探讨了引入多链系统的可能性。与传统的单链系统不同，多链系统可以实现不同区块链之间的互联和协同工作，从而促进跨链交易和数据互通，进一步扩展了区块链的应用领域。

第三，该概念突出了改进和扩展现有区块链协议和技术的需求，以提高可扩展性、性能、吞吐量和交易速度。这种扩展将有助于区块链更好地应对日益增长的用户和交易量。

第四，新的共识算法也被提出，以解决目前广泛使用的工作量证明或权益证明(Proof of Stake，PoS)算法所面临的问题。例如，权益委托证明(Delegated Proof of Stake，DPoS)等新算法有望改善共识过程的效率和可靠性。

第五，随着区块链技术的发展和应用普及，区块链治理成为一个重要话题。在未来，区块链 4.0 可能试图实现更为有效的区块链治理，以促进技术的可持续发展和更广泛的应用。这一愿景反映了区块链领域持续演进和改进的动态特性，为未来的发展提供了有力的方向和愿景。

1.3　区块链的基本特点

1. 去中心化

首先，我们不得不提及的是去中心化。传统的交易系统往往依赖于一个中心化的机构或第三方来验证和记录交易，如银行或支付平台。而区块链技术打破了这一模式，所有参与者共同维护一个分散的数据库，确保其完整性和安全性。这意味着，没有中心机构可以控制或篡改交易记录。去中心化不仅提高了系统的透明度，而且增强了其抗篡改的能力。

2. 不可篡改性

不可篡改性是区块链的另一个突出特点。每一个区块包含了前一个区块的哈希值，形成了一个不断延伸的链条。这种设计意味着，任何对已有数据的修改都会引起后续所有区块的哈希值改变，从而被系统中的其他节点所发现。因此，一旦信息被录入，修改这些信息会变得极为困难。这为数据提供了高度的安全性，使得区块链成为可信任的数据来源。

3. 共识机制

随着我们深入了解区块链的安全机制，不得不提的是它的独特的共识机制。不同于传统系统，区块链通过共识算法确保所有参与者对数据的一致认同。无论是工作量证明还是权益证明，所有的共识算法都旨在实现分散化网络中的数据一致性。这种方法确保了整个系统的数据完整性，即使在面对恶意攻击时也能保持稳定。

4. 透明性

区块链的透明性也是其非常引人注目的特点。所有交易记录都存储在公开的链上，任何人都可以查询和验证。这种公开透明的特性赋予了用户更大的信任度，也促使各个参与者保持诚实。在很多应用场景中，这种透明性为打破传统中介障碍提供了可能。

5. 分布式记账

在传统的中心化系统中，所有的数据都是由中心机构管理和记录的。与此不同，在区块链系统中，每个节点都可以记录和更新数据，所有的节点都有权参与记账。这种分布式的机制不仅保证了数据的安全性和可靠性，而且增强了系统的性能和扩展性。这种记账方式的革命性变革为智能合约的引入打下了基础。

6. 智能合约

智能合约是一种可以自动执行的合约，完全由代码编写而成。这种合约根据预先定义的规则和条件，能够自动执行多种操作，如支付货款、确认交易或更新数据等。这种自动化的方式不仅节省了大量的时间和资源，而且可以大大降低合约的执行成本。基于这一点，我们可以认识到，智能合约为区块链技术增加了高可用性这一特性。

7. 高可用性

高可用性是指系统即使在部分故障的情况下仍能持续提供服务和保持正常运行的能力。在区块链的背景下，这意味着即使某些节点出现故障，整个系统的运行也不会受到影响。这一优势不仅保证了系统的稳定性和可靠性，而且促进了交易处理速度的提升。

8. 低成本

相较于传统金融系统，特别是在跨境交易中，区块链显示出了其明显的优势。传统的跨境交易常常需要数天甚至更长时间来结算，而区块链可以实现实时或近实时结算。这是因为区块链上的交易直接在网络上进行验证和确认，极大地缩短了结算周期。这种高效的交易方式同时也带来了另一大优势，那就是低成本。

区块链技术之所以能够大幅降低成本，一个关键因素是其去中心化和分布式记账的特性。这意味着没有中心机构进行管理和调控，从而显著减少了管理和维护的费用。此外，区块链的智能合约机制进一步减少了各种交易和合约执行的成本，为用户带来了更多经济效益。

总体来说，区块链技术具有去中心化、不可篡改性、共识机制、透明性、分布式记账、智能合约、高可用性以及低成本等多个基本特点，这些特点使得区块链技术成为一种新兴的颠覆性网络技术，可以应用于很多领域，如金融、物流、医疗、政务等。

1.4　区块链的优势与不足

1.4.1　区块链的优势

1. 分布式网络交互

区块链是一种去中心化的技术，它不需要中心化的第三方机构来管理和控制交易过程。这种去中心化的结构可以有效地消除传统金融体系中存在的许多中间人和相关的费用。在区块链中，交易是通过分布式网络进行的，每个节点都可以监督和验证交易，确保其安全和可靠性。这种去中心化的特点也使得区块链具有更高的安全性和防篡改性，因为攻击者无法攻击单个节点来破坏整个系统的安全性。

2. 高度的透明性和可追溯性

每个参与者都可以查看整个区块链上的交易记录和数据，而且这些记录和数据是公开且不可篡改的。这意味着，在区块链上进行的每一笔交易都可以被任何人追溯到其发生的时间、地点和参与者，从而确保了交易的透明度和可信度。

这也意味着，一旦发生错误或者非法行为，就可以追溯到其发生的时间和参与者，从而使责任人承担相应的责任。

例如，在食品安全领域，利用区块链技术可以追踪食品从生产到销售的全过程，确保食品的安全性和可靠性；在供应链管理领域，利用区块链技术可以实现全程的可追溯性，防止商品被篡改、冒充和伪造；在金融领域，利用区块链技术可以保证每一笔交易都是真实有效的，防止欺诈和非法交易。

3. 高度的安全性

由于区块链的去中心化结构，每个节点都具有相同的权力和参与度。这种结构使得区块链具有高度的安全性，因为攻击者无法攻击单个节点来破坏整个系统的安全性。此外，区块链还使用密码学技术来保护交易和身份验证，这种加密技术可以有效地防止黑客攻击和其他安全问题。区块链技术使用去中心化存储，将数据分散存储在不同的节点上，即使有节点受到攻击或出现故障，也不会对整个网络造成影响，从而保证了数据的安全性和稳定性。区块链中的每个区块都包含前一个区块的哈希值，这样任何人都不能篡改一个区块中的数据，否则就会破坏整个链的完整性。

4. 无须信任

在传统金融体系中，参与交易的各方必须相互信任，因为它们需要依靠中心化机构来进行交易和资产管理。然而，在区块链中，交易是通过去中心化网络进行的，没有中心化机构来管理和控制交易。这种无须信任的特点使得区块链可以在没有任何中心化机构的情况下进行交易。因此，它可以在任何地方、任何时间点进行交易，具有更高的灵活性和便利性。

传统的中心化网络结构由一个或多个中心机构掌控，网络中的节点需要通过这些中心机构进行交互和信息传输。而区块链通过去中心化的方式来建立网络结构，网络中的每个节点都有着相同的权力和地位，可以直接进行点对点的交互和信息传输，不再需要中心机构的参与。

5. 降低成本

由于区块链的去中心化特点，可以有效地减少传统金融体系中存在的中间人和相关费用。这种去中心化的特点还可以将一些交易的成本分散到整个网络中，使得交易的成本更加公平和合理。

1.4.2 区块链的不足

1. 隐私保护不足

区块链上的交易记录是公开的，每个参与者都可以查看所有的交易信息。尽管交易中的身份信息是匿名的，但是交易的详细信息、数量、时间等信息可以被其他人追踪，从而泄露了参与者的隐私。

使用相同的地址进行多次交易可能会导致地址被追踪。例如，如果一个地址收到了一笔大量的加密货币，然后这个地址再次被用于接收付款，那么这个地址很可能会被人们追踪到，并将这个地址与一个真实的身份联系起来。

很多区块链项目需要依赖于第三方托管服务，如数字钱包和交易所。这些服务提供商可能会收集用户的身份信息，并将其与其在区块链上的交易记录相联系，从而破坏用户的隐私。

智能合约可以被编程来自动执行某些操作。然而，这种可编程性也可能导致一些隐私问题。例如，在某些情况下，智能合约的源代码可能包含了一些敏感信息，如私钥或密码等，这些信息可能会被黑客利用。

2. 硬件成本高

区块链的硬件成本是一个重要的问题，尤其是在采用工作量证明共识算法的公共区块链中，需要大量的计算能力和电力消耗来维护网络的安全性。这导致比特币等一些公共区块链的能源消耗量巨大，成为环境问题的热点。但是，区块链技术的不断发展，也为硬件成本的降低提供了一些可能性。

随着技术的发展，硬件成本在区块链的应用中逐渐降低。例如，以太坊采用了权益证明共识算法，可以大幅降低硬件成本，同时提高网络的安全性和可扩展性。此外，随着新型芯片(如 ASIC 芯片和 FPGA 芯片等)的研发和使用，交易更加高效，也减少了能源消耗。

3. 网络性能瓶颈

在区块链网络中，一些因素导致网络的性能无法满足用户的需求。这些因素包括带宽限制、交易处理速度、共识算法的计算复杂度等。这些因素导致区块链网络的交易速度较慢，处理能力较弱，无法承载大量的交易数据和用户。

4. 难以维护和升级

由于区块链是一个分散式的系统，没有中央管理机构，因此很难升级和维护，同时也可能出现硬分叉等问题。

5. 法律和监管风险

由于区块链技术具有去中心化和匿名性等特点，因此其面临着一些法律和监管方面的风险和挑战，如合规、反洗钱、知识产权等方面的问题。

尽管区块链技术具有许多优点和应用价值，但其存在着一些不足之处。这些问题随着技术的发展(如技术升级、网络扩容、安全性增强等)逐渐得到了解决,但也需要更多的研究和改进,以提高其可靠性、安全性和可扩展性。

1.5 区块链的发展趋势

目前,区块链技术架构已经相对稳定,但仍在根据产业区块链场景需求持续演化,不断追求高效、安全、便捷。联盟链主要服务于企业级应用,其重点关注节点管控、监管合规、性能和安全等方面。尽管密码算法、对等网络、共识机制、智能合约、数据存储等核心技术的进展相对缓慢,但运维管理、安全防护、跨链互通等扩展技术发展较快,并且正在明显融合其他信息技术。因此,行业焦点正在逐步从核心技术攻关转向面向特定场景的优化。

区块链正朝着精细化的方向发展,以便应用于不同的解决方案。根据中国信息通信研究院 2020 年发布的《区块链白皮书(2020 年)》,区块链技术被分为扩展技术、核心技术和配套技术三大类。与此相比,2021 年区块链整体技术并没有明显突破,但是核心技术正在渐进式创新,特别是对等网络、共识机制和智能合约的改进最为突出。在联盟链的场景下,联盟成员通常会通过线下建立信任基础,节点准入、数据管理等能力较强,对于恶意节点的容错需求不高。同时,联盟链的应用场景相对较为复杂,对共识速度和数据量有较高的要求。因此,联盟链技术的优化目标是以高效和易用性为首要考虑。

在对等网络方面,蚂蚁链和长安链分别提出了区块链高速通信网络(Blockchain Transmission Network,BTN)和自研的 P2P 网络 Liquid。BTN 可以提高区块链节点的通信能力,加速网络数据传输,而 Liquid 可以提升区块链系统的兼容性和通信效率,源组件 Libp2p 也在其中发挥了重要作用。

在异步共识算法方面,张振峰团队与美国新泽西理工学院合作提出了国际上首个完全实用的异步共识算法——小飞象拜占庭容错(DumboBFT)算法,该算法有望应用于实际生产环境,这是一个重要的进展。

在智能合约开发框架方面,FISCO-BCOS 已经发布了基于 Rust 的新型 Wasm 合约语言框架 Liquid,以探索智能合约的新模式。这表明国内区块链技术对细分技术领域的探索力度不断加大,并且整体技术水平也在持续提升。

　　不同的区块链网络之间存在着不同的跨链技术和实现方式，这使得跨链技术的集成和互操作性受到了限制。为了促进跨链技术的发展，未来将会出现更多的跨链标准和规范，以便不同区块链网络之间实现更加方便的跨链交互。

　　跨链技术的安全性和隐私性是未来跨链技术发展的重要方向之一。当前，跨链交互往往需要通过中心化的跨链网关或者多方参与者的协作来实现，这使得跨链交互的安全性和隐私性存在着风险和挑战。未来，将会出现更加安全和隐私的跨链交互方式，以便保障跨链交互的安全性和隐私性；跨链技术的扩展性和性能是未来跨链技术发展的另一重要方向。跨链交互往往需要通过多方参与者的协作来实现，这使得跨链交互的性能和效率存在着瓶颈和挑战。未来，将会出现更加高效和可扩展的跨链交互方式，以便提高跨链交互的性能和效率。跨链技术的商业应用是未来跨链技术发展的一个重要方向。跨链技术的应用主要集中在数字资产交换和供应链金融领域，未来将会出现更多的跨链应用场景，如医疗健康、物联网和跨境支付等领域，从而提高这些领域的效率和可靠性。

　　随着区块链技术的不断发展和应用，跨链技术作为区块链技术的重要组成部分，也得到了越来越多的关注和应用。跨链技术可以实现不同区块链网络之间的无缝交互和数据共享，从而提高区块链技术的效率和价值。

　　跨链技术的发展主要集中在数字资产跨链交换和供应链金融领域，未来将会出现更多的跨链应用场景，如医疗健康、物联网和跨境支付等，这些应用场景的发展将会进一步推动跨链技术的发展和应用。随着跨链技术的不断发展和应用，跨链技术的标准化、安全性、隐私性、扩展性、性能、商业应用等方面都将面临新的挑战和机遇。因此，跨链技术的研究和应用需要不断地探索和创新，以便更好地促进区块链技术的发展和应用，为实现数字经济和数字社会的建设做出更大的贡献。

第 2 章　区块链的概念内涵

　　区块链本质上是一个去中心化的分布式账本，其本身是一系列使用密码学原理产生的互相关联的数据块，每一个数据块中包含了多条网络交易有效确认的信息。本章主要界定区块链的概念内涵，按区块链是什么、为什么、怎么用的思路，重点理清了区块链的基本概念、标准化和规范化、版本类型等内容，为读者提供了较为完整的区块链概念体系。

2.1　区块链的定义

　　区块链是一个安全、按时间顺序排列、不可变的永久记录所有已发生的交易的总账。它由一系列区块组成，每个区块记录最近的一些或全部交易，并被永久保存在区块链中作为数据库。每当一个区块被完成时，就会生成一个新的区块，如图 2.1 所示。区块链使用先进的加密技术来确保信息的安全性，从而保证交易记录被锁定在其中。因此，一旦交易被添加到区块链中，它就不会被更改或删除，成为一个不可篡改的永久记录。

区块链

图 2.1　区块链

　　需要注意的是，区块链技术能够在不需要第三方机构(如银行或政府)的情况下实现货币、财产、合同等的安全转移。尽管区块链是一种软件协议，但是需要在互联网上运行，它不能像电子邮件中使用的协议(SMTP)那样在没有互联网的情况下运行。

区块链技术分为三种主要类型：公链技术、联盟链技术和私链技术。其中，公链技术是一种完全开放的、去中心化的网络，任何人都可以参与；联盟链技术由受信任的成员组成；而私链技术则由特定组织成员组成。

作为一种底层技术，区块链技术支持加密生态和 Web3 的核心价值主张。它可以保障比特币的安全，并为智能合约的实现奠定基础。该技术的核心价值主张是在去信任化的前提下实现无须许可的价值交换，而无须任何第三方中介。区块链最基本的应用是一方向另一方进行付款或转账。

以传统支付系统为例，当 Bob 想要向 Alice 发送付款时，需要先将钱转给中间方(银行或金融机构)，中间方会全权托管这笔资金，并将钱转给 Alice。而在使用区块链转账时，Bob 可以直接将钱转给 Alice，绕过了中间方的干预，转账过程如图 2.2 所示。这种去中心化的模式保障了交易的安全性和可靠性，利用密码学、加密技术、数学和物理学的原理确保了整个过程的确定性。这种区块链的去中心化特性使得区块链可以为金融、电子商务等领域的交易提供更加安全、高效的解决方案。

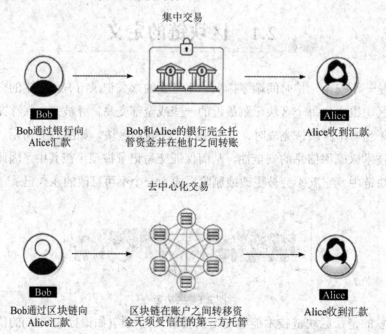

图 2.2   用户通过区块链和传统银行系统转账流程的区别

2.2　区块链流行的原因

区块链技术在许多领域都可以发挥作用，不仅限于加密货币。尽管区块链最初是作为加密货币的分布式总账出现的，但现在已经应用于银行、金融、政府、医疗保健、保险、媒体、娱乐、零售等各种商业领域。在这些领域，区块链技术可以提供更高效、更安全和更透明的解决方案，有助于优化商业流程和降低成本。

区块链技术之所以如此流行，是因为它汇聚了多个关键优势。

(1) 区块链可以显著减少交易所需的时间，特别是在金融领域。它能够快速结算交易，消除了繁复的验证、结算和清算过程，因为每个参与方都使用相同的数据版本。这一点不仅提高了效率，还有助于避免交易中出现争议。

(2) 区块链的不可篡改性是一个显著的优势。一旦交易数据被写入区块并得到验证，它就成为不可篡改的账本的一部分。随着账本不断增长，篡改账本的难度也大大增加，从而提高了数据的安全性和可靠性。

(3) 区块链的可靠性。它能够验证和确认每个相关方的身份，减少了重复记录和降低了费用。这有助于确保数据的准确性，并加速了交易速度。

(4) 安全性也是区块链的一大卖点。在高度去中心化的区块链网络中，即使存在恶意攻击，也几乎无法通过验证进行不合法的交易。分布式账本技术确保每个参与方都有原始链的副本，即使大量节点丢失，系统仍然能够运作。

(5) 区块链还推动了去中心化协作的实现，让每个参与方可以直接相互交易，无须第三方中介，从而提高了效率和可靠性。同时，权力下放和点对点交易也是区块链技术的显著特点，使得整个生态系统更具开放性和透明性。

综合来看，这些因素共同推动了区块链技术在各个领域的广泛应用和受欢迎程度。区块链的革命性特点为许多行业提供了新的解决方案，同时也改变了传统商业模式的运行方式。

2.3　区块链的应用

2.3.1　金融领域

区块链最初被广泛应用于金融领域，是因为区块链技术的去中心化和分布式特性，可以实现去除中间商的交易，增强交易的可靠性和安全性。其具体应用包括：

1. 数字货币

数字货币是区块链技术最著名的应用之一，其中最著名的是比特币和以太币。数字货币通过区块链技术实现去中心化的交易和管理，使得交易更加安全可靠。由于区块链技术的安全性和不可篡改性，数字货币在各个国家和地区的使用越来越普遍。

2. 智能合约

智能合约是区块链技术的另一个重要应用，是可以在区块链上自动执行的合约。智能合约可以应用于多种金融场景，如借贷、保险、期货等。智能合约可以消除传统金融中的信任问题，提高交易的透明度和可靠性。

3. 区块链支付

区块链支付是指使用区块链技术实现的支付方式，如比特币支付、以太币支付等。区块链支付可以实现去除中间商的交易，增强交易的安全性和可靠性。随着数字货币和区块链技术的不断普及，区块链支付也将会成为一种越来越普遍的支付方式。

4. 证券交易

证券交易是金融领域的一个重要应用场景，区块链技术可以应用于证券交易的各个环节，如交易、结算、清算等。利用区块链技术，证券交易可以实现更快速的交易和结算，并提高交易的可靠性和安全性。随着金融市场的不断发展和创新，区块链技术在证券交易领域的应用也将越来越广泛。

2.3.2　物流领域

物流是另一个区块链技术的应用领域，区块链技术可以实现物流信息的实时追踪、共享和验证。其具体应用包括：

1. 物流信息共享

区块链技术可以实现货物的实时追踪和信息共享，包括货物的位置、运输情况、交易记录等。通过区块链技术的透明化和可信度，货物的状态可以得到即时反馈，有助于提高物流效率，减少物流成本，并且避免了物流信息的错误和篡改。

2. 物流供应链管理

物流供应链管理是一个复杂的过程，涉及多个环节和参与者。区块链技术可以实现物流供应链的透明化和安全化管理，提高供应链的效率和可靠性。物流企业可以使用区块链技术来监测供应链的每个环节，确保物流信息的真实和准确，并且优化供应链的各个环节，从而降低物流成本和提高效率。

3. 防伪溯源

区块链技术可以实现物流信息的不可篡改和验证，因此可以有效地防止伪劣产品的流通，保障消费者的合法权益。通过区块链技术的防伪溯源功能，消费者可以轻松追踪货物的来源和品质，确保所购买的产品真实可靠。在食品、药品等领域，区块链技术的应用可以大大提高品质管理水平，确保消费者的健康和安全。

2.3.3　版权保护

区块链技术可以实现数字版权的保护和管理，可以为作者和版权所有者提供更加安全的版权保护。其具体应用包括：

1. 数字版权管理

区块链技术可以实现数字版权的管理和维护，保证数字内容的原始性和不可篡改性，从而有效地保护版权所有者的权益。通过将数字版权数据存储在区块链上，可以确保版权所有者能够随时追溯其数字版权的使用情况，防止盗版和侵权行为的发生。此外，区块链技术还可以实现智能合约的应用，通过智能合约自动化处理数字版权授权和转让等事项，提高数字版权管理的效率。

2. 数字资产交易

数字资产交易是区块链技术的另一个重要应用领域，其中包括数字版权、数字艺术品等。区块链技术可以实现数字资产的去中心化交易和管理，从而增强交易的安全性和可靠性。区块链上的交易记录无法被篡改，而且交易过程是去中心化的，没有中间机构参与，能够保障交易的公正性和透明度，使得数字版权和数字艺术品的交易更加公平和高效。

3. 数字鉴权

数字鉴权是区块链技术在版权保护中的一个重要应用场景。通过区块链技术，数字内容的原始性和真实性可以得到有效验证，保护了作者和版权所有者的权益。区块链技术可以确保数字内容的所有使用和转移都得到了授权，从而防止盗版和侵权行为的发生。通过数字鉴权，版权所有者能够得到合理的报酬，同时用户也可以在安全合法的情况下获得数字内容的使用权，从而实现双赢的局面。

2.3.4   社交网络和通信

区块链技术可以实现去中心化的社交网络和通信方式，增强用户的数据隐私和安全性。其具体应用包括：

1. 去中心化社交网络

去中心化社交网络是区块链技术在社交网络领域的一个重要应用场景，可以实现用户数据的去中心化存储和管理，增强用户的数据隐私和安全性。

2. 加密通信

当用户使用区块链进行通信时，其数据会被加密并存储在区块链上，只有私钥持有者才能解密和读取数据，确保数据只被授权的用户访问和使用。此外，区块链上的智能合约还可以实现多方参与者之间的安全通信，从而实现更加安全和可靠的通信方式。

3. 去中心化即时通信

除了加密通信，区块链技术还可以实现去中心化的即时通信，使得用户可以直接进行点对点的通信，无须经过中心化的通信服务提供商。这种方式可以大大降低用户数据被监视或窃取的风险，并保护用户的隐私。

4. 匿名社交

区块链技术也可以实现匿名社交，使得用户可以在社交网络上匿名地交流和分享内容，保护用户的隐私和安全。

5. 去中心化的博客和论坛

类似于去中心化社交网络，区块链技术还可以实现去中心化的博客和论坛。用户可以通过区块链网络来分享和管理自己的内容，并且不需要信任中心化的服务提供商，增强了用户数据的安全性和隐私保护。

2.3.5　政府和公共服务

区块链技术可以为政府和公共服务提供更加透明、高效、安全的服务，为现代化治理体系注入了新的活力。

1. 电子政务

区块链技术可以为电子政务提供更加安全、高效的信息存储和管理方式，同时还可以确保政府信息的不可篡改性和完整性。区块链技术可以使得政府信息去中心化存储，消除单点故障和数据中心集中风险，提高政府服务的效率和可靠性。例如，区块链技术可以应用于电子证照领域，将证照信息存储在区块链上，使得证照的真实性和有效性得以验证，防止证照被伪造或篡改。

2. 区块链身份认证

区块链身份认证是区块链技术在公共服务领域的一个重要应用场景，可以实现身份信息的安全管理和验证，增强用户的数据隐私和安全性。区块链技术可以实现去中心化身份管理，使得用户的身份信息不需要集中存储在一个中心化数据库中，减少了用户身份信息被窃取或泄露的风险。同时，区块链身份认证还可以解决现有身份认证系统中的问题，如信息不对称、信息不一致、实名制难以验证等。某些国家已经开始使用区块链技术实现数字身份认证，如爱沙尼亚的电子公民(e-Residency)项目。

3. 公共事务管理

区块链技术可以实现公共事务的透明化和安全化管理，如投票、捐赠等。区块链技术可以实现去中心化投票系统，消除中心化投票系统中的操纵和欺诈风险。同时，区块链技术可以保证投票结果的可靠性和公正性，增强公民的信任感和参与度。另外，区块链技术还可以用于公共捐赠领域，使得捐赠信息和款项可以被记录在不可篡改的区块链上，避免捐款被挪用或滥用，增强公众对捐赠机构的信任度。

除了以上领域，区块链技术还可以应用于医疗、能源、教育、物联网等诸多领域。

2.4　区块链的标准化和规范化

2.4.1　区块链标准化和规范化的意义

区块链技术的应用涉及多个领域和行业，如金融、物流、医疗、能源等，不同领域和行业的应用场景与需求也不尽相同。因此，标准化和规范化可以解决以下问题：

标准化和规范化可以提供一致的技术规范与规则，为区块链技术的研发和应用提供统一的基础。这有助于降低技术开发的复杂性和成本，并促进技术的快速迭代和创新。区块链标准化可以确保不同区块链系统和平台之间的互操作性，使它们能够无缝地交互和通信。这有助于打破信息孤岛，促进区块链网络的扩展和连接，提供更大的价值和效益。标准化和规范化可以确保区块链系统的安全性和可靠性，包括加密算法、身份验证机制、数据隐私保护等方面。通过统一的标准和规范，可以提高系统的抗攻击能力和防篡改能力，保护用户的资产和数据安全。区块链标准化可以建立一套公认的验证和认证机制，确保交易和数据的真实性和可信度。这有助于建立用户对区块链技术的信任，并推动其在各个行业和领域的广泛应用，如金融、物流、供应链等。标准化和规范化可以为区块链应用提供明确的市场规则和法律要求，降低市场参与者的风险。这有助于吸引更多的企业和机构参与区块链技术的开发与应用，推动其商业化进程。区块链标准化是全球范围内的合作和交流的重要平台。通过制定国际标准和规范，不同国家和地区可以在区块链技术的研究、开发和应用方面实现合作与共享经验，推动全球区块链行业的共同发展。

总之，区块链标准化和规范化对于推动区块链技术的发展与应用具有重要意义。它可以提高技术的互操作性、安全性和可靠性，增强用户的信任和参与度，降低市场风险和法律风险，促进国际合作和交流。通过标准化和规范化，区块链技术可以更好地应用于各个行业和领域，推动数字经济的发展和转型。

2.4.2　区块链技术的标准化工作

目前，区块链技术的标准化工作已经在全球范围内展开。以下是当前区块链技术的标准化工作的概述。

1. 国际标准化组织

国际标准化组织(International Organization for Standardization, ISO)是全球最重要的标准制定组织之一。ISO 的目标是促进各个领域的标准化和规范化，以支持经济、社会和环境的可持续发展。ISO/TC 307 是一个专门负责区块链和分布式账本技术标准化的技术委员会。该委员会由全球范围内的专家组成，负责制定和发布区块链技术的标准。目前，该委员会已经发布了多项国际标准，如 ISO/TC 307: 2019，ISO/IEC 21823-1:2020，ISO/IEC 20018-1:2020 等。ISO 的标准被广泛认可和采纳，成为国际贸易和合作的重要依据。ISO 标准的广泛应用有助于提高产品和服务的质量、可靠性和互操作性，促进国际交流与合作。

2. 国家标准化机构

许多国家都在推动区块链技术的标准化工作。例如，中国国家标准化管理委员会已经成立了区块链和分布式账本技术标准化工作组，推动区块链技术的标准化和规范化。美国国家标准与技术研究院(NIST)也在推动区块链技术的标准化和规范化。欧洲标准化委员会(CEN)在区块链领域致力于制定相关标准，推动欧洲区块链技术的发展和应用。英国标准协会(BSI)负责制定英国国家标准。BSI 在区块链领域开展了一系列标准化工作，包括区块链安全、数据隐私等方面的标准。这些国家标准化机构通过制定标准，促进区块链技术的规范化和标准化，提高区块链应用的互操作性、安全性和可信度。这有助于推动区块链技术的发展和应用，并促进国际合作与交流。

3. 行业标准化机构

随着区块链技术的广泛应用，许多行业也积极参与推动区块链技术的标准化工作，以确保在特定行业内的一致性和互操作性。例如，金融行业的区块链技术联盟(Blockchain Alliance)致力于推进区块链技术的标准化和规范化，制定了一系列区块链标准和规范。此外，物联网领域的标准化组织 IOTA Foundation 也在推进区块链技术的标准化和规范化。他们的目标是建立一种用于物联网设备之间数据传输和价值交换的开放标准，以提高物联网系统的效率和可扩展性。

4. 企业自主标准

一些大型企业也在推动自己的区块链技术标准，确保各个行业内的参与者可以遵循相同的规范和标准进行交互，提高整个行业的效率和可信度。例如，IBM 开发的超级账本 (Hyperledger Fabric)是一个开源的区块链平台，吸引了众多企业和组织的参与。IBM 通过开放源代码和合作伙伴生态系统的建设，推动 Hyperledger Fabric 的发展和应用，旨在为企业提供一种可靠的区块链解决方案。

尽管区块链技术的标准化和规范化工作已经开始，但是由于区块链技术的去中心化和自主性，标准化和规范化的工作还有待进一步加强与完善。

2.4.3　区块链标准化和规范化的挑战

区块链技术的标准化和规范化工作面临着一系列重要挑战。

1. 技术多样性

区块链技术有多种不同的实现方式、架构和协议，如比特币、以太坊等。每种实现方式都有其特定的特性和优势，因此制定统一的技术规范和标准变得复杂。在标准化和规范化过程中，需要考虑不同技术的兼容性和互操作性，以确保不同区块链系统之间的无缝集成和通信。

2. 不同行业和领域需求的差异

不同行业和领域对于区块链技术的需求与应用场景不尽相同，因此标准化和规范化工作需要考虑到不同行业和领域的特殊需求与应用场景。

3. 法律和监管问题

区块链技术涉及的领域广泛，涉及金融、隐私、合规等方面的问题。在制定标准和规范时，需要考虑法律和监管的要求，以确保区块链技术的合法性和合规性。然而，由于区块链技术的边界模糊和跨境特性，法律和监管的规定可能因国家与地区的不同而有所差异，这给制定统一标准带来挑战。

4. 安全性和隐私保护问题

区块链技术的安全性和隐私保护问题也需要考虑，确保技术的规范和标准可以保证数据的安全与隐私保护。

5. 国际标准化协调问题

区块链技术的发展是一个全球性的趋势，因此需要考虑国际标准化协调问题，以确保技术标准的国际通用性和一致性。

以上是区块链技术的标准化和规范化工作面临的一些挑战，需要各方共同努力，制定出适合于不同场景和需求的标准和规范。区块链技术的标准化和规范化是保障技术稳定与安全发展的重要手段。目前，全球范围内的标准化机构、行业组织和企业都在积极推动区块链技术的标准化工作，但是还需要不断努力，制定出更加适用于不同场景与需求的标准和规范。我们相信，在全球各方共同努力下，区块链技术的标准化和规范化工作会取得更加积极的进展与成果，为区块链技术的发展和应用打下坚实的基础。

2.5　区块链的版本类型

2.5.1　公链

公链(Public Blockchain)是指完全开放的区块链网络，所有用户都可以自由参与其中，而且每个节点都有权参与交易的验证和区块的生成，没有中心化的机构或个人控制。公链的特点是去中心化、匿名性和透明度，即所有的交易记录都可以公开查看，任何人都可以参与其中，但同时也存在着安全性和性能方面的问题。

比特币是最早的公链之一，采用工作量证明算法，通过节点间的共识机制验证和记录交易，实现了一种去除中间机构的数字货币交易方式。除了比特币，还有许多其他公链项目，如以太坊、比特币现金、莱特币等，它们都构建在区块链技术之上，并通过去中心化的公共网络实现不同的功能和应用场景。

公链的数据存储和管理是由网络中的多个节点共同完成的，没有一个中心化的机构或个体控制整个网络。这种去中心化的结构确保了公链的抗审查性和防篡改性，使得数据更加安全可靠。公链中的交易和数据都是公开可查的，任何人都可以在区块链上查看和验证交易的发生与执行过程。这种透明性使得公链具备了可追溯性和防欺诈的特性，提高了交易的可信度。公链通过共识机制来决定交易的有效性和顺序，以及新区块的生成方式。常见的共识机制包括工作量证明、权益证明和权益共享证明等。共识机制确保了公链网络的稳定性和安全性。公链提供了开放的接口和标准，允许开发者构建和部署各种应用与智能合约。公链的开放性使得不同的应用可以互相连接和交互，形成更加丰富和复杂的生态系统。

公链的广泛应用还面临一些挑战，需要认真对待和解决。公链需要处理大量的交易和数据，并保持高效的性能和吞吐量。然而，随着用户数量和交易量的增加，公链可能面临扩展性问题。解决这个问题的方法包括改进共识算法、优化网络架构和引入分层结构等。公链的特点是所有交易数据都是公开透明的，这可能导致个人隐私泄露的风险。保护用户隐私成为一个重要的问题。技术上的解决方案包括使用零知识证明、加密算法和匿名地址等来保护交易和用户身份的隐私。公链的共识机制通常需要大量的计算和能源消耗，这对环境造成了一定的影响。

提高公链的能源效率是一个重要的课题，可以通过优化共识算法，采用更节能的硬件和引入可再生能源等方式来实现。公链的应用涉及多个国家和地区，不同的法律法规对于数字资产和区块链技术的认可与监管存在差异。制定适应公链应用的法律框架和规范成为一个重要的问题，需要各国政府和国际机构的合作来推动。

2.5.2　联盟链

联盟链(Consortium Blockchain)是区块链技术的一种应用形式，它是由多个组织或企业之间建立的一个共同管理的、半中心化的分布式账本。与公有链不同，联盟链只允许指定的成员共同管理和维护账本，成员可以是企业、组织或个人，但必须经过身份验证和授权才能参与。联盟链通常采用"共识机制"来达成共识，以确保账本的完整性和安全性。联盟链技术被广泛应用于金融、物流、医疗、供应链等领域。

与公链相比，联盟链更加注重可控性和合规性。在金融领域，银行、证券公司等机构可以通过联盟链建立一个共同的账本，实现资产管理、交易结算等业务。在物流领域，联盟链可以实现物流信息的实时追踪和共享，提高物流效率和可信度。在医疗领域，联盟链可以实现医疗信息的共享和安全存储，提高医疗服务质量和效率。在供应链领域，联盟链可以实现供应链信息的实时追踪和共享，提高供应链的可视化和透明度。

联盟链作为一种新型的区块链架构，相对于公链和私链，有其独特的优点和挑战。联盟链将会带来新的共享经济模式，多个参与者可以在相同的平台上进行交易和协作，可以带来更高的效率和更低的交易成本。联盟链可以实现区块链技术的去中心化特性，同时可以保证各个参与方对于数据的控制权和安全性。这种平衡可以满足金融、物流、供应链等行业的多种需求。联盟链的数据隐私性相对于公链有较大的提升，各个参与者可以在不暴露敏感信息的前提下共享数据。联盟链采用的是一种优化的共识算法，可以提高区块链的吞吐量和交易速度，同时可以降低交易的成本。联盟链可以利用多个参与者的节点共同验证交易，并且各个节点可以相互监督，从而提高交易的安全性。

同时，联盟链也存在相应的挑战。联盟链的参与者数量相对于公链较少，但仍需要进行参与者管理，包括参与者的加入、退出等，这需要相应的机制和规则。不同的联盟链可以采用不同的共识算法，但是共识算法的选择需要根据联盟链的特点和需求进行合理选择，并且需要不断地进行优化。联盟链的安全性取决于参与者的信誉度和技术实力，如果某个参与者出现了问题，可能会影响整个联盟链的安全性。联盟链在面对大量数据和用户时，可能会出现性能瓶颈，如何保证联盟链的扩展性是一个需要解决的问题。联盟链目前尚未有统一的标准，不同的联盟链之间存在一定的兼容性问题，需要进一步进行标准化工作。

目前主流的区块链版本类型已经介绍完毕，但随着区块链技术的不断发展和应用场景的不断拓展，还会涌现出新的版本类型。因此，区块链版本类型的研究和探索也会不断深入。

总之，区块链版本类型是区块链技术发展的重要组成部分，每种类型都有其独特的优势和不足，适用于不同的场景和需求。选择适合自己的版本类型，对于区块链应用的开发、落地和推广都具有重要意义。随着区块链技术的不断发展和成熟，相信会有更多的版本类型涌现，推动区块链技术的应用和发展。

2.5.3　私链

私链(Private Blockchain)是一种基于区块链技术的网络，其区块链数据库仅能被一组预定义的实体(如组织、企业、个人等)访问和控制。相较于公链和联盟链，私链对参与者的要求更为严格，参与者需要经过授权才能进入网络。

私链可以被视为公链和联盟链的中间状态，既可以享受到区块链的安全性和可靠性，同时也能满足某些特定场景下对控制和权限的需求。私链通常被用于企业内部的数据处理、身份认证和交易管理等方面。

私链与公链的区别在于，公链上的交易记录和账户信息是公开的、透明的，任何人都可以参与验证和记账，因此也被称为"无许可链"；而私链是受限的，只有特定的组织或个人可以参与，因此也被称为"有许可链"。

私链与联盟链的区别在于，联盟链是由多个组织或企业共同管理的区块链网络，参与者之间需要达成共识才能对交易进行验证和记账；而私链则是由单个组织或企业独立管理的区块链网络，不需要与其他组织或企业共同管理和维护。

在私链中，只有经过身份认证的用户才能访问网络，并在网络中进行交易。这种权限控制能够有效保障网络的安全性和数据的保密性，同时也可以限制不必要的交易和节点加入。与公链不同，私链中的节点和参与者都是经过严格授权的，这使得私链具有可控性。企业可以设定规则和标准，控制节点的行为和操作，从而更好地管理和监控区块链网络。

由于私链中的节点数量相对较少，并且节点的身份都是经过验证的，因此私链的交易速度比公链更快。在私链中，节点之间的通信也更加高效，数据传输速度更快，能够满足企业高速交易的需求。私链是独立运营的，不受公共网络的影响。这样可以避免公链中出现的诸如网络延迟、交易拥堵等问题，同时也能够保证私链的稳定性和可靠性。

然而，与公链相比，私链的去中心化程度较低，存在一定的中心化风险。另外，私链网络的维护和管理需要较高的成本，也需要具备一定的技术能力和资源投入。

第 3 章　区块链的本质特征

想要了解区块链的本质特征，我们首先要知道什么是区块链。网络上关于区块链的介绍很多，这里我们引用中华人民共和国国家互联网信息办公室官网的释义："狭义来讲，区块链是一种按照时间顺序将数据区块以顺序相连的方式组合成的链式数据结构，并以密码学方式保证的不可篡改和不可伪造的分布式账本；广义来讲，区块链技术是利用块链式数据结构验证与存储数据，利用分布式节点共识算法生成和更新数据，利用密码学的方式保证数据传输和访问的安全，利用由自动化脚本代码组成的智能合约来编程和操作数据的一种全新的分布式基础架构与计算范式。"

简单来说，理解区块链及其特征要有三点基础认识：第一，区块链具有承载信息的功能，可以记录、存储和传播交易信息；第二，每个区块上记录着上一个区块的所有信息；第三，同一网络中每个节点都有一个完全相同的区块链副本，任一节点损坏不影响其他节点和整个网络。

为了能让大家更好地认识区块链，我们将在本章给大家介绍区块链的本质特征，让读者更好地理解区块链。以下将具体介绍区块链的去中心化、匿名性、分布式和不可篡改性等特征。

3.1　去 中 心 化

3.1.1　去中心化的定义

中心化最早用在政治经济等领域，是一种组织结构，在这种结构中，一个领导者或一小群人做出所有决定。它与权力下放相反，其中决策权存在于上层和下层管理层。例如，传统的政治制度通常是中心化的，权力由国家机构、政府官员和领导人掌握，而普通民众只能按照政府制定的规则和指导行事。类似地，传统的金融体系也是中心化的，银行和金融机构掌握着财富和资产的控制权，而大多数人只能通过银行来管理和交易自己的资产。

在一个系统中，系统是集中的则意味着计划和决策机制都集中在系统内的特定点上，中心化系统通常由一组相对较少的人或组织负责管理和控制，这些人或组织拥有对整个系统的完全控制权。

那么，什么是去中心化呢？去中心化是一种与中心化相对的概念。去中心化指的是将监督和决策从一个集中的协会(个人、公司或一群人)转移到一个分散的网络中。去中心化网络努力降低成员之间应该相互信任的程度，并阻止他们以破坏网络效力的方式相互施加权威或命令的能力。它在维基百科中的解释如下："去中心化是互联网发展过程中形成的社会关系形态和内容产生形态，是相对于'中心化'而言的新型网络内容生产过程。相对于早期的 Web 1.0 时代，Web 2.0 的内容不再是由专业网站或特定人群所产生，而是由全体网民共同参与、权级平等地共同创造的结果。任何人都可以在网络上表达自己的观点或创造原创的内容，共同生产信息。" Web 2.0 兴起后，微博、贴吧等网络服务商所提供的服务都是去中心化的，任何参与者均可提交内容，网民共同进行内容协同创作或贡献。在一个去中心化系统中，信息不再是由专人或特定人群所产生，而是由全体成员共同参与、共同创造的结果。

目前，去中心化技术已经被广泛应用于区块链、P2P 网络、分布式存储、去中心化计算等领域，成为数字化时代的重要发展趋势。尤其是区块链技术作为去中心化的代表，被广泛应用于数字货币、智能合约等领域，改变了传统的信任模式，实现了去信任化。同时，去中心化技术也有助于降低中间机构成本、提高效率和改善用户体验，推进数字经济的发展和变革，如图 3.1 所示。

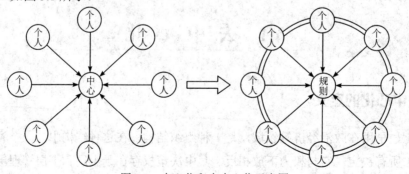

图 3.1　中心化和去中心化示意图

3.1.2　去中心化的优势和价值

在中心化中，权力和决策都集中在一个点上。中心化自诞生至今，当然有其存在的优势，对一个商业系统而言有以下好处：一是有着清晰的指挥链。集中式组织受益于清晰的指挥链，因为组织内的每个人都知道向谁报告。当初级员工对组织有疑虑时，他们知道该向谁求助。当组织需要以统一的方式快速执行决策时，清晰的指挥链是很有必要的。二是减少内部冲突。当高层只有一个人或一小群人做出重要决策时，公司中低层员工之间的冲突和异议就会减少。如果组织中的许多员工和层级参与决策，则更可能存在争议和执行差异。三是管理方便，可以集中资源，统一管理，提升效率。

当然，中心化存在着不可解决的弊端，包括但不限于中心与其他地方之间的沟通不畅和差异，一旦中心受损，整个系统都将瘫痪等。但是直到互联网与区块链技术诞生之前，还没有一个没有重大缺陷的情况下达成共识的去中心化系统。

随着互联网时代的到来，中心化有了更深刻的含义，然而其也带来了一些风险和隐患。一是容易成为攻击目标。因为所有数据都储存在同一个位置，因此若有黑客攻击，则一个漏洞就可以导致整个系统瘫痪。二是隐私问题。因为所有的数据都集中在同一个地方，因此存在隐私泄露的风险。三是点故障。如果中心节点发生故障，那么整个系统都会受到影响。

我们想象一下，一家公司拥有一个拥有 10 000 台计算机的服务器场，用于维护一个包含其所有客户账户信息的数据库。该公司拥有一座仓库大楼，所有这些计算机都集中在一个屋子里，并且可以完全控制每台计算机及其中包含的所有信息。然而，这将会导致单点故障。如果那个地方停电了怎么办？如果它的网络连接被切断了怎么办？如果有人通过侵入删除了所有内容怎么办？上面这些情况都会造成数据的丢失或损坏。

这个时候，去中心化系统的优势就显现出来了。在以上的例子中，我们将数据分开存储在多个不同的地方，这样即使其中一处受到损坏，其他地方的数据都是好的，也不影响整体的使用。去中心化系统可以实现以下功能：一是更高的安全性。去中心化可以防止因为单个节点故障而导致的整个系统瘫痪的风险，同时也减少了黑客攻击的目标。二是更加公平，没有权力集中的问题。三是更加透明，所有人都可以看到所有信息。四是更加灵活，可以快速响应变化。例如，区块链技术就是一种去中心化的技术，它的优点在于可以保证交易的安全性和公正性，同时也可以保护用户的隐私。

3.1.3   区块链和去中心化

去中心化是区块链的一个属性，也是其最重要的一个特征。

在区块链诞生之前，互联网价值转移必须通过中心化机构进行记账，如银行、微信钱包、支付宝等。互联网金融(如 P2P 网络借贷)也不能直接实现价值转移，而是需要借助中心化机构的集中记账实现价值转移。由此，去中心化的区块链技术便诞生了。在区块链中，所有信息一旦被记录就不可篡改，彼此之间的信任关系变得简单。例如，甲和乙甚至更多方之间进行交易时，通过加密算法、解密算法获得信任后，不需要将信任认证权让渡给中心化机构或大量第三方中介机构。

区块链是一种通过将数据分布式存储并使用共识算法来保证数据的安全性和信任的技术。在一个由区块链支持的去中心化系统中，多个节点维护着完整的数据记录，并通过相互之间的同步和协作来保证数据的一致性和真实性。这种方式消除了单点故障的可能性，并且没有任何一个节点能够对整个系统进行控制。每当有新的数据产生时，节点需要通过共识算法来达成一致意见，并将其添加到区块链中，从而实现了整个系统的共识和去中心化。

需要注意的是，“去中心化”并不意味着“去监管”，监管和“去中心化”这二者之间并不冲突，我们所提到的“去中心化”指的是去中介和中央控制方，并不是指监管方。监管与“去中心化”并不冲突，“去中心化”去的是中央控制方和中介方，而不是监管方。区块链技术从来就不排斥监管，监管节点可以方便地接入任何一个区块链网络。由于区块链的公开透明特性，监管机构反而可以更加方便地监控整个系统的交易数据，而且由于区块链的防篡改特性，交易一旦发生后即不可更改、不可删除，那种数据造假蒙蔽监管的情况就不可能发生了，更有利于监管机构对市场行为进行监督。

3.1.4   去中心化的挑战

去中心化确实有很多优势，不过在其发展过程中也遇到了很多挑战。

首先，去中心化带来了分散的网络架构和节点之间的通信协议的统一难题。由于数据分散在各个节点上，因此需要进行有效的数据同步和共识算法的运行，这需要一个高效的网络架构和节点之间的通信协议。

其次，去中心化还带来了数据存储和管理的问题。由于数据分散存储在各个节点上，因此如何保证数据的安全性、完整性和可用性是一个很大的挑战。特别是在一些公链上，任何人都可以加入，对于性能和资源消耗的限制也相对较少，这就导致节点可能会出现不良行为。

最后，去中心化还带来了代码与治理的开发和管理难题。由于节点众多，治理难度很大，而且代码的开发和维护成本非常高。同时，由于大多数节点是由个人或组织运营的，因此如何保证网络安全和合规性也是一个重要的问题。

综上所述，去中心化的实现需要克服许多技术和社会问题，而且在不同的应用场景下也有不同的挑战。要成功实现去中心化，需要综合考虑技术、社会、政策等多方面因素，不断迭代、优化技术和治理机制。

3.1.5 去中心化的最新研究进展

当前区块链技术发展迅速，去中心化的相关研究也有很大进展。不同领域的学术界开始积极研究区块链技术的去中心化理论。特别是随着区块链应用场景的扩大，对去中心化的要求也越来越高，去中心化相关的研究成为学术界的热门话题。下面将从理论和技术应用两方面来介绍去中心化的最新研究进展。

去中心化理论的研究主要包括以下几个方面：一是去中心化组织。随着区块链技术的应用场景不断扩大，越来越多的企业和组织也开始关注区块链技术所带来的优势。但是，传统的中心化组织结构可能会阻碍区块链技术的发展。因此，去中心化组织方面的研究也在逐渐深入。二是去中心化协议。通过建立去中心化协议，可以在不需要信任第三方机构的情况下实现数据交换、沟通和合作。三是去中心化算法。随着区块链技术的应用场景越来越多，如何在去中心化条件下实现高效的算法成为研究的关键。例如，在去中心化的人工智能方面，如何在多个未知节点之间共享数据和模型就成为目前研究的热点问题。

去中心化技术应用的研究主要有去中心化金融。随着去中心化金融的兴起，区块链技术的应用场景不断扩大，从简单的钱包到去中心化交易所、闪兑、稳定币和借贷等复杂的金融服务都可以通过去中心化的方式进行。近年来在区块链和物联网的融合方面取得了很大的进展。例如，联合国基于区块链技术推出的"联合国数字税收计划"可以实现智能税收、全球跨境支付等功能。另外，物联网也为借助区块链技术提升数据安全性、保证数据隐私性提供了新的思路。

3.2　匿　名　性

3.2.1　匿名性的定义

匿名性指行为主体隐藏在所有可能做出行为的对象集合中而无法被正确识别的状态。所有可能做出某一动作的对象的集合称为匿名集，若对象属于某个匿名集，则该对象拥有匿名性。匿名性的强弱与匿名集的大小和匿名集中的行为概率分布相关。匿名集越大，匿名集中所有对象做出某一行为的概率分布越平均，匿名性越强。

在区块链中，匿名集即所有参与节点组成的集合，如矿工节点、钱包节点等；匿名集中的行为概率分布即包括查询、交易、智能合约应用等在内的节点交互行为被关联到特定节点的概率。

在区块链中，匿名性是指在区块链上完成的交易并不会直接透露参与者的真实身份，而是使用一些替代标识符来隐藏用户的身份信息。如今在区块链以及整个加密货币的市场中，匿名性是各加密货币几乎都具有的特征，匿名性的等级包括初级、高级、极致等。大家最熟悉的比特币的匿名级别是最基本的，你在区块链网络上只能查到转账记录，但是不知道地址背后更多的信息。不过要是知道了地址背后对应的人是谁，也就暴露了所有相关的转账记录及资产信息。较高级匿名性的加密货币中，比较有名的有门罗币和达世币。在这些加密货币的交易中，即使被查出了转账地址的所有人，也无法获得其他任何相关信息。ZCASH 是目前最高级匿名性的加密货币之一，其匿名性的要求非常高，只有拥有私钥才能查出相关的转账信息。

一般来说，区块链匿名性可以分为以下两种类型：绝对匿名性和相对匿名性。

绝对匿名性指在区块链中完全看不到参与者的身份和个人信息，如比特币使用的公开地址。在这种情况下，虽然所有交易记录都是公开可见的，但无法追溯到参与者的真实身份和资产。这种匿名性可以有效地保护用户的隐私和个人信息，同时也增强了交易的安全性。但是，绝对匿名性也有其缺点。例如，黑客可以通过恶意攻击或利用漏洞进行黑色交易，从而导致不良后果。此外，在某些场景下，如金融、政府等领域，需要确保交易的真实性和身份认证，这时候绝对匿名性就会成为一种障碍。

相对匿名性指在区块链中可以通过进行额外的身份验证或信息收集，从而确定参与者的身份和相关信息。例如，在以太坊中，用户可以使用不同的智能合约来标识自己，并进行身份认证。这种匿名性更加灵活，可以根据不同的应用需求进行调整，同时也能在保护隐私的同时保持足够的信息透明度和可追溯性。相对匿名性可以提高交易的安全性和透明度，同时还能确保必要的身份认证和资产管理。但是，一些攻击者仍可能会利用这些信息进行黑色交易或其他不良活动，从而导致安全风险和隐私泄露。

3.2.2　应用匿名性的原因

为什么匿名性对区块链来说如此必要呢？我们知道，任何人都可以在不透露身份的情况下发送或接收区块链上的资产。交易的详细信息是公开的，包括发送方和接收方的地址。但是，如果在任何发件人或收件人地址与用户身份之间建立关系，则会损害用户隐私。此外，匿名性还能够防止欺诈行为。由于区块链交易具有不可逆性和无法篡改的特点，如果参与者的身份得到揭示，那么其交易行为也会被轻松地追溯和识别。这可能使得某些参与者更容易受到攻击和欺诈。因此，匿名性可以帮助防止欺诈行为。同时，通过保护用户的真实身份，区块链可以减少黑客攻击的风险。如果黑客不能确定特定账户的所有者，那么他们就无法针对该账户进行攻击，从而提升账户的安全性。

设想一下，如果我们的每一笔钱从什么地方来，用到什么地方去都会被别人知道，这将是一件非常可怕的事情。所以区块链的匿名性作用是提供一种安全、隐私的交易环境，保护交易双方的信息不被泄露，减少交易成本。区块链的匿名性能够使得用户不必输入自己的真实信息，从而提高交易的安全性。这样就可以减少用户支付的交易成本，因为没有额外的保护成本。

除此之外，通过匿名交易，可以减少交易过程中的烦琐验证和审计工作，从而提高系统的效率和可扩展性。在一些场景下，大量的交易需要进行批量处理，如果每个交易都需要经过复杂的身份验证和加密过程，将会影响整个系统的运行效率。匿名交易可以有效地解决这个问题，减少多余的验证和审计流程，提高交易的速度和处理能力。

不过匿名性在保障个人隐私的同时也带来了一些弊端，匿名性的滥用会造成一些不良后果。例如，由于区块链交易可以保持匿名，因此非法活动如洗钱、恐怖主义融资或网络犯罪等，在区块链上会更加难以检测和追踪，可能会给执法机构带来挑战并使之更加容易被滥用；在某些情况下，参与者需要遵守特定的法律和法规，如果区块链无法准确识别和验证参与者的身份和交易，那么其匿名性可能会对项目运营和合规造成影响；由于区块链匿名性意味着没有中央机构来审核和监管交易，因此存在恶意攻击和欺诈行为的风险，这可能导致参与者面临更高的不确定性，从而影响其信任和使用区块链的意愿。

3.2.3　零知识证明

零知识证明，有时也称为 ZK 协议，是发生在证明者和验证者之间的一种验证方法。在零知识证明系统中，证明者能够向验证者证明他们拥有特定信息(如数学方程的解)的知识，而无须透露信息本身。现代密码学家可以使用这些证明系统来提供更高级别的隐私和安全性。

1985 年麻省理工学院的一篇论文首次描述了零知识证明的概念，该论文由 Shafi Goldwasser 和 Silvio Micali 发表。他们证明可以在不公开数字或任何有关它的其他信息的情况下证明数字的某些属性，即证明者和验证者之间的交互可以减少证明给定定理所需的信息量。

零知识证明主要用于隐私和安全性至关重要的应用程序。例如，身份验证系统可以使用 ZK 证明来验证凭据或身份，而无须直接泄露它们。举个简单的例子，它可以用来验证一个人是否有计算机系统的密码，而不需要透露密码是什么。

下面是一个直观地理解零知识证明数据的概念性例子。想象一个只有一个入口但有两条路径(路径 A 和 B)的洞穴，它们连接在一个由密码锁定的普通门上。Alice 想向 Bob 证明她知道门的密码，但又不想将密码透露给 Bob。为此，Bob 站在山洞外，Alice 走在山洞里，走两条路中的一条(Bob 不知道走的是哪条路)。然后 Bob 让 Alice 从两条路径中选择一条返回洞穴的入口(随机选择)。如果 Alice 最初选择走路径 A 到门口，但 Bob 要求她走路径 B 回来，那么完成这个谜题的唯一方法就是 Alice 知道锁着的门的密码。

此过程完成后，Bob 高度确信 Alice 知道门的密码，而无须将密码透露给 Bob。虽然只是一个概念性的例子，但在计算机的其他地方也有类似场景。对于这个洞穴示例，有一个输入、一个路径和一个输出。在计算中有类似的系统、电路，它们接受一些输入，将输入信号通过电门路径并产生输出。零知识证明利用这样的电路来证明陈述。

零知识技术可以让开发者既能利用以太坊等底层区块链的安全性，又能为去中心化应用提高交易吞吐量和速度，同时将用户个人信息放在链下，以保护用户隐私。交易将打包上传至链上，以降低终端用户的使用成本。

3.2.4　匿名性的实现

区块链的匿名性和交易者身份及交易行为息息相关。区块链在分布式节点和地址交易上有着天然的优势，不过也存在一些风险，尤其是通过账本记录分析推断交易的风险。因此，主流区块链项目对匿名性的研究重点在于加强交易者身份与交易行为的不可关联性上。下面介绍几种常见的实现匿名性的方法。

1. 假名和 UTXO

假名即利用其他符号代替用户账户进行交易，破坏交易行为与用户真实身份的直接联系，当前几乎所有的区块链系统都利用了假名机制。区块链系统在进行交易时，不直接用账户来存储和管理用户交易，而是通过地址标识交易双方。每一笔交易可能包含多个输入地址和多个输出地址，每次交易可以使用不同的地址，以此来阻断交易地址与用户身份的关联，实现匿名性。

UTXO 即 Unspent Transaction Output，又称为未花费交易输出，传统金融世界可以为我们提供很好的类比来理解比特币的运作方式。下面通过两种不同的存储现金的心智模型来解释 UTXO，即通过银行账户和存钱罐来解释。如果你开设一个银行账户并将现金存入其中，你的现金会立即与银行持有的所有其他现金混在一起。可能有成千上万的银行客户，因此将每个人的现金分开存放对银行来说毫无意义。银行把所有的现金记下。举例来说，存入一张 100 元的钞票或三张 20 元的钞票加四张 10 元的钞票没有区别。重要的是存入的总金额为 100 元。当用户尝试提取 100 元时，银行不一定会给你与你存入的相同面额的钞票。

如果你使用存钱罐来存放现金，则有一个重要的区别。如果你将五张 20 美元的钞票放入你的存钱罐中，则价值 100 美元的内容将以该形式保留：五张 20 美元的钞票。如果你取出 100 美元，你不会神奇地收到一张 100 美元的钞票，你仍然会有五张 20 美元的钞票。此外，如果你想从存钱罐中的 100 美元中拿出 10 美元付给某人，就会出现一个问题：你最小的钞票价值 20 美元，因此你需要以某种方式将其拆分成零钱。银行账户模型是一种为你保管现金的托管服务，类似于保管人们比特币的交易所——每个人的比特币都混合在一起。存钱罐模型是自我保管的现金，这是想象自我保管钱包中的比特币时使用的正确心智模型。

在一次交易中将 0.9 BTC 存入你的钱包与将 0.1 BTC 存入你的钱包九次之间存在根本区别。尽管在这两种情况下总计为 0.9 BTC，但每笔存款在你的比特币钱包中仍然是一个单独的实体。这些实体中的每一个都是一个 UTXO。

区块链中所有交易都通过 UTXO 实现。每一笔交易包含多个输入和多个输出，除 Coinbase 交易外，每一个交易输入都要对应之前的某一笔交易输出，没有与交易输入关联的交易输出，即未花费交易输出 UTXO。而所有用户私钥能够解锁的 UTXO 值的总和即当前用户的可用余额。一个用户可以拥有多个地址，每个地址可以拥有多个 UTXO，通过 UTXO 无法直接关联到用户。

2. 混币

混币指在区块链系统中通过一种特定的方式，使得在链上交易的数字货币不再与地址对应而变得难以追踪，从而提高数字货币的交易匿名性。混币的目的是保护用户的隐私，从而避免数字货币被第三方跟踪和侵犯隐私。

混币是指将来自不同地址的数字货币混合在一起，从而模糊数字货币之间的关系，提高数字货币交易的匿名性。在传统的数字货币交易中，交易数据是公开的，包括交易双方和交易数量等信息，而这些信息可能被第三方跟踪和窥探，从而暴露交易双方的身份和交易记录。其实现原理一般包括如下步骤：用户将数字货币发送到混币平台的指定地址，混币平台会将用户的数字货币存放到混合池中；混币平台将来自不同地址的数字货币混合在一起；混币平台将混合后的数字货币发送给用户，在完成混合过程后，混币平台将从资金池中提取等额的加密货币，并将其发送回用户指定的地址。在这个过程中，由于混币服务提供者混合了多个用户的加密货币，因此很难确定特定的交易与特定的地址，这个地址与用户的原始地址不同，从而实现了数字货币的混合。

3. CryptoNote

CryptoNote 是一种开源的加密货币协议，它的目的是保护用户隐私，并提供更安全、去中心化的方式来进行交易。与比特币等其他数字货币协议不同，CryptoNote 利用了多个隐私增强技术来保证用户的匿名性、防止资金泄露和避免双重花费等问题。

CryptoNote 协议使用了一种称为"环签名"(Ring Signature)的技术来为交易提供匿名性。环签名允许交易中的每个输入都被视为是可能的来源地址。这意味着一个接收者无法确定真正的发送者或输入地址，增强了用户的隐私和交易的安全性。除了使用环签名技术外，CryptoNote 还实现了另一种隐私增强技术——钥匙映射(Key Image)。它可以避免输出被双重花费，即在同一笔交易中使用相同的输出。当一个输出被使用时，钥匙映射机制会生成一个唯一的标识符，仅能用于该输出。任何尝试使用该输出的交易都会因为无法验证钥匙映射而被拒绝。

此外，CryptoNote 协议还采用了难度调整算法、动态封锁时间和区块链扫描等技术来确保区块链的安全性和可用性。总体来说，CryptoNote 技术提供了一种强大的隐私保护机制，避免了传统数字货币协议所存在的问题。它具有匿名性、去中心化、安全性和可扩展性等优点，在未来很可能会得到更广泛的应用。

4. Zerocoin 和 Zerocash

Zerocoin 和 Zerocash 是两种不同的加密货币隐私保护技术。它们旨在提供更高级别的匿名性，使得交易难以被追踪、揭示或者窥探，从而更好地保护用户的隐私。下面分别介绍这两种方法。

Zerocoin 是一种基于比特币的匿名技术，在 2013 年由约翰·霍普斯金大学的一组研究人员提出。Zerocoin 的主要思路是通过一次性匿名代币来实现交易的匿名性，这些代币被称为 "Zerocoins"。在使用 Zerocoin 时，用户可以将比特币转化为 Zerocoin，然后使用 Zerocoin 进行匿名交易，最后将 Zerocoin 兑换回比特币。这种方式可以避免比特币交易记录的公开和泄露，并且可以保证匿名性。

而 Zerocash 则是 Zerocoin 的进一步发展，由 Zooko Wilcox 领导的 Zerocoin 项目团队在 2016 年推出。Zerocash 与 Zerocoin 相比有几个显著的区别：首先，Zerocash 采用了更加强大的匿名算法，其核心是 ZK-Snarks，这种算法可以在零知识证明的基础上实现完全匿名；其次，Zerocash 支持更多种类的交易，包括付款、转账、分币等；最后，Zerocash 还具有更高效和强大的隐私保护能力，可以在不增加区块大小的情况下支持更多的交易。

总体来说，Zerocoin 和 Zerocash 这两种技术都是为了提供更高级别的加密货币匿名性和隐私保护而设计的。它们可以避免交易记录被公开和泄露，从而保护用户的隐私。虽然这些技术还面临着一些挑战，但它们是加密货币隐私保护的重要进展。

3.3　分　布　式

3.3.1　分布式账本的定义

分布式账本是实现分布式的主要方法。账本是一种按时间顺序和类别顺序、系统地记录企业的各项经济业务及钱物出入的簿册。资产包括有形的物理资产如房子和黄金，以及无形的虚拟资产(如证券和股票)，这些资产都需要转移，也就是需要交易。这些交易需要的不同参与方，包括买方、卖方以及中介、审计人员等，都会被记录在账本中，如图 3.2 所示。

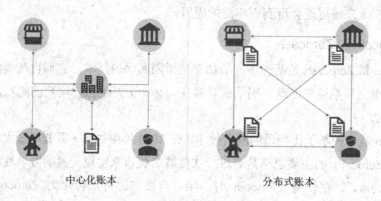

中心化账本　　　　　　　　　　　　分布式账本

图 3.2　账本

这些商业账本有很多问题，包括但不限于使用成本高，记录效率低，因为其不透明而可能会引发一些欺诈问题等。这些问题，大多是因为账本过于集中，太依赖中心化的机构如银行、交易所等，同时这些集中化的、基于信任的账本系统会给交易结算带来瓶颈和障碍。因此，如果有一项技术能解决这些问题就非常重要。

因此分布式账本的概念被提了出来。分布式账本是一个由多站点、多国家或多家机构所组成的网络上进行电子数据复制、共享及同步的共识，当中并不存在中央管理员或集中的数据存储，各网络成员之间共享、复制和同步数据库。分布式账本记录网络参与者之间的交易，如资产或数据的交换。这种共享账本消除了调解不同账本的时间和开支。

分布式账本消除了一般账本中欺诈活动的机会。不过值得注意的是，分布式账本的概念并不新鲜。长期以来，很多机构都在多处收集和存储数据，包括纸质的以及线上系统中，并将数据集中在一个集中的数据库中。例如，一家公司的每个部门可能有不同的数据库，只有在需要时，部门才会将该数据提供出来。同样，多个一起工作的组织通常持有自己的数据，并仅在请求或需要时将其贡献给由授权方控制的中央分账本。

分布式账本的巨大进步在于它能够最大限度地减少或消除协调账本的不同贡献所需的时间以及容易出错的过程，确保每个人都可以访问当前账本并保证其准确性和可信性。

3.3.2　分布式账本的优点和应用

早期对分布式账本技术的研究主要集中在金融交易的应用中。同时，分布式账本可以用于金融服务以外的其他行业。政府机构正在探索如何使用该技术来记录房地产所有权转让等交易。一些医疗机构正在试行分布式账本技术，以促进更有效的方式来更新患者记录。许多企业正在测试分布式账本以维护供应链数据。法律界正在研究如何使用分布式账本来处理和执行法律文件。

此外，一些研究者认为该技术允许个人在需要时有选择地共享部分记录，并限制访问或限制信息被访问的时间，从而使个人能够更好地控制其个人信息。同时，数字分类账可以帮助人们更好地追踪艺术、商品、音乐、电影等的知识产权和所有权。

尽管分布式账本的采用还处于早期阶段，但该技术的诸多应用表明其带来了好处，包括：

(1) 提高分布式数据的可见性和透明度。

(2) 取消了中央机构，降低了运营成本。

(3) 更快的交易速度，因为分类账更新没有滞后。

(4) 大大降低了欺诈活动、篡改和操纵的风险。

(5) 提高了可靠性和弹性，单点故障几乎不会威胁中央系统。

(6) 显著提高了安全级别。

3.3.3　区块链和分布式

分布式账本技术和区块链这两个术语经常一起使用，有时甚至可以互换使用，然而，它们并不相同。最简单地说：区块链是分布式账本的一种，但并非所有的分布式账本技术都使用区块链技术，同时，区块链也不仅包括其分布式账本的这个特征。

分布式账本和区块链都使用密码学创建去中心化分类账本；两者都创建包含时间戳的不可变记录；两者都被认为几乎是牢不可破的；两者都可以是公开的，任何人都可以使用，就像比特币的情况一样。

在区块链中，数据按时间顺序记录，然后区块被排序形成一个链接区块的链。每个区块都有一个最大的尺寸，它们是按一定的时间间隔创建的。区块链使用分布式存储确保数据的不可伪造和不可篡改，依靠共识算法更新数据并实现数据一致性，利用非对称加密技术、哈希函数等实现存储与传输数据的安全性，利用自动化代码脚本(智能合约)实现数据操作的过程。例如，比特币账本每 10 分钟铸造一个区块，确保添加的新区块已经被验证，并被网络识别为真实或有效。

3.3.4　分布式的自治性

区块链是一种去中心化的分布式账本系统，其数据存储于整个网络中的每个节点，并通过共识机制决策数据的验证和确认。区块链的自治性可以被理解为在这种去中心化架构下，网络中的节点是平等的，没有中心化的掌控机构，各个节点之间通过加密算法和协议形成一种自我组织、自我控制和自我管理的关系。在这种自治机制下，节点可以共同维护整个系统的运作，保证数据的安全性、不可篡改性和公正性。

在传统的中心化模式下，数据由一些集中式服务提供商掌控和管理。这种模式下，用户对数据没有完全的掌控权和隐私保护权，容易被黑客攻击和数据滥用。相比之下，区块链提供了一种去中心化、自治的架构，每个参与者都可以分享权力，保护自己的隐私和数据安全，因此区块链得到了越来越多的关注和应用。

具体而言，区块链通过在网络中分布的节点之间建立一种点对点(P2P)通信机制，实现节点之间的信息共享。这使得数据传输过程中不依赖于中心化机构，且数据能够通过公有链或联盟链的方式进行跨境传输。同时，在区块链中，每个节点都是平等的，没有控制节点，每个节点都对整个网络有着同样的责任。这种自治性质的结构也代表了区块链实现去中心化的基础，也是其确保所具有的安全性和公正性的关键。

3.3.5　分布式的共识机制

分布式是依赖于共识机制的。在维基百科中关于共识机制的产生背景有一段这样的描述：由于加密货币多数采用去中心化的区块链设计，节点是各处分散且平行的，所以必须设计一套制度，来维护系统的运作顺序与公平性，统一区块链的版本，并奖励提供资源维护区块链的使用者，以及惩罚恶意的危害者。这样的制度，必须依赖某种方式来证明，是由谁取得了一个区块链的打包权(或称记账权)，并且可以获取打包这一个区块的奖励；又或者是谁意图进行危害，就会获得一定的惩罚。这就是共识机制。

也就是说，面对分布式的各区块链，必须要有一种机制将它们联系起来，这就是共识机制。共识机制和区块链技术本身是一样重要的。如果没有一个好的共识机制，整个颠覆性的去中心化概念很快就会瓦解。难道去中心化的区块链不能够依靠自己顽强地存活下来吗？事实上，没有一个强大的共识机制，就根本不存在任何具有有效性、公平性、实时性、功能性、可靠性和安全性的公共分类账本。

但是共识机制不可能是绝对不出错的。因此我们需要找到一种可行的方法，让整个或者大部分去中心化社区能够保证提供一个准确且不含任何虚假交易的总账版本。然后是扩展性的问题，如果每个人都托管一个版本的账本，那么它的计算能力将随着社区节点的增长而提升。

人们花了很多时间考虑这些问题，并且研究出了一些优秀的共识机制。迄今为止，在以往使用的那些工具中，最受欢迎和最成功的是受比特币底层逻辑所采纳的工作量证明，以及最近新出的机制——权益证明。它可以竭尽所能地解决较早的共识机制所造成的问题。

1. 工作量证明

在共识机制领域中，最著名的就是工作量证明。自 1993 年以来，它几乎是比特币网络的同义词，实际上它是一种防止拒绝服务攻击的方法。

所以它是如何工作的呢？正如其名，工作量证明旨在通过要求服务用户进行一些工作来阻止任何类型网络上的恶意或欺诈活动。从这个意义上讲，"工作"通常是指计算机可以处理的时间。

在区块链中，工作量证明使用与之前相同但是适用于网络链上的基本工作概念。在区块链中，工作量证明矿工相互竞争以创建链中的下一个区块。它们通过互相竞赛来解决数学难题，并附带证明。这些难题很难解决，但解决方案很容易被快速检查。第一个正确解决难题的矿工将能够创建下一个区块并将其广播到整个网络。然后，所有其他矿工将验证该解决方案是否正确，如果正确，则为成功的矿工奖励一些代币。

实际上，挖矿是由需要能量才能运行的计算机完成的。因此，挖矿是一项非常昂贵的活动，只有在能够定期第一个解决难题并获得代币奖励的情况下，才值得这样做。那么它如何预防作弊呢？任何包含无效交易的区块都会被网络自动拒绝。这意味着即使尝试作弊也很昂贵。在没有获得任何代币奖励的情况下挖矿所需的资源是不切实际的，而且非常无利可图。

2. 权益证明

权益证明是在 2012 年开发的,目的是在没有工作量证明巨大的能源需求的情况下仍然能够保持共识机制的好处。从那以后,它被许多具有前瞻性的区块链网络所采用,并努力在以太坊 2.0 上搭建它。

权益证明机制引入了代币数量的概念,以取代计算量的角色。在这种机制中,区块链的交易验证者不再需要完成计算任务,而是需要锁定一定数量的数字货币,这些数字货币可以用作抵押品来获取网络验证权益。验证者需要将一定数量的代币转移到一个特殊的地址上,使其被视为抵押品。这些代币将保留在这个地址上直到验证者退出验证者角色。

权益证明机制下的节点被称为"验证者",他们需要向网络提供一定数量的代币作为抵押品,并随机获得被选中为新的区块验证者的机会,这个过程称为出块(Mining)。如果一个验证者被选中,那么它可以添加区块到区块链,并赚取此操作的奖励。

当然,权益证明机制也存在一些问题,如寡头控制、随机性等,需要在实践中不断完善和优化。但总体来说,权益证明机制通过降低计算资源的要求和鼓励长期持有代币的方式来提高整个系统的效率和安全性,已经成为当前区块链技术的重要发展方向之一。

3.3.6　区块链分布式面临的挑战

区块链的分布式在拥有众多优点的同时也面临着诸多挑战。

1. 扩展性问题

由于区块链的每个节点都需要保存完整的数据,因此当交易频繁时,节点数量会呈指数增长,这使得区块链技术很难扩展到大规模应用领域。

2. 安全问题

虽然区块链技术具有高度的安全性和可靠性,但是仍然存在被攻击的风险。如果一个攻击者能够攻击 50%以上的节点,就可以篡改整个区块链系统的数据。

3. 隐私问题

由于区块链的基础结构是公开的,任何人都可以查看上面的交易记录。这种透明性虽然有助于防止欺诈行为,但也可能造成个人隐私泄露的风险。

3.4　不可篡改性

3.4.1　不可篡改性的定义

不可篡改性是区块链最关键的特征之一，也是区块链技术从发展至今，不断被人们推崇的最关键要素之一。其可以颠覆传统，创造下一代工业革命的未来。

不可篡改性，顾名思义，就是信息一旦被记录就无法被更改。例如，一个微信群有 500 人，每个人手机上都有聊天记录的一个完整备份。任何群友都不可能去修改别人手机上的聊天记录，只能修改自己的，哪怕是腾讯也只能修改自己服务器上的聊天记录。任何人都可以修改自己手机上的聊天记录，但别的群友可以指正，只要多个群友拿出证据，就可以证明这个心怀不轨的人修改了记录。所以微信群就是一个不可篡改的数据库。

说到这里相信大家已经很明白了，由此想到区块链的不可篡改性。就其技术性质而言，区块链是一个不可变的数据库，无法操纵区块链中已有的数据。哈希值是一个唯一值，标识一个区块。它取决于区块的内容，因此每个区块都有其唯一的哈希值，它只标识这个区块。因此每个块都可以引用或指向之前的块，这意味着四块能够引用第三个块，引用第二个块，依此类推。而传统数据库如果发生任何数据被篡改的情况，区块链就会中断。

不可篡改性是获得参与者信任的重要条件之一，区块链通过时间戳证明、首尾相连记账规则、哈希加密算法、共识机制等技术应用和机制设计，将记录不可篡改性做到极致。

3.4.2　区块链不可篡改性的原理和实现方式

首先介绍加密哈希。哈希函数是获取现有数据并输出"校验和"，用作数字签名的一串数字和字母。校验和保证数据输入的相同，如果两个文件之间只有一个字节不同，则散列后的输出将是两个完全不同的字符串。人们可以将其比作雪崩效应，即输入的微小变化会极大地改变输出。最著名的哈希算法之一 SHA-2 是由美国国家安全局创建的，且其散列过程是无法进行反向工程的。换句话说，经过该哈希算法后，无法从输出字符串反向计算以确定输入数据。

在区块链的交易中，由区块链网络验证的每笔交易都带有时间戳并嵌入到信息"块"

中，通过哈希过程进行加密保护。该过程链接并合并前一个块的哈希值，作为下一个按时间顺序更新加入链。新块的哈希过程总是包含来自前一个块的哈希输出的元数据。散列过程中的这个链接使链条"牢不可破"——在数据经过验证并放入区块链后，不可能操纵或删除数据，因为如果尝试，链中的后续块将拒绝尝试修改(因为它们的散列将无效)。换句话说，如果数据被篡改，区块链就会崩溃，原因很容易查明。传统数据库没有这种特性，可以轻松修改或删除信息。

区块链本质上是特定时间点的事实分类账。对于比特币，这些事实涉及地址之间比特币传输的信息。在比特币中，你的交易被发送到一个内存池，在那里它被存储和排队，直到矿工或验证者将它捡起来。一旦它被输入一个块中并且块中充满了交易，它就会被关闭并使用加密算法进行加密。然后，采矿开始。整个网络同时工作，试图"解决"哈希，除了"Nonce"(使用一次的数字的缩写)之外，每个矿工都生成一个随机哈希。

每个矿工都以零随机数开始，将该随机数附加到他们随机生成的哈希值中。如果该数字小于或等于目标哈希值，则将值 1 添加到随机数，并在区块上生成新的哈希值。这个过程一直持续到矿工生成有效的哈希值并获得奖励。

一旦一个区块被关闭，交易就完成了。但是，在验证其他五个块之前，该块不会被视为已确认。确认需要网络大约一个小时才能完成，因为它平均每个块不到 10 分钟(交易的第一个块和随后的五个块乘以 10 等于大约 60 分钟)。

3.4.3　区块链不可篡改性的好处

1. 安全性

不可篡改性保证了区块链交易的安全性，并确保数据不易受到黑客攻击。黑客攻击在加密货币中很常见，但目标主要是在区块链之上开发的智能合约。对具体的交易而言黑客很难攻击。

2. 可信性

区块链不需要验证信任。如果有人试图更改数据，该块就会中断并且无法成为链的一部分。因此，存储数据的完整性得以保持。验证是一个持续的过程。无效块不能成为链的一部分。

3. 交易简单

区块链交易的不可篡改性消除了对额外审计的依赖。它为在防篡改网络上进行交易的参与者提供证据。

4. 省时

在比特币等区块链上，交易时间为 10 分钟。一些最新的区块链，如 Solana，出块时间不到一秒。一般来说，结算系统和传统账本很慢。区块链大大减少了交易的时间成本。

5. 真实性

国外的某些行业，如农业、制药和食品行业正在投资不可变的分布式账本。相应的账本是用区块链实现的，以避免掺假。它还可以确定来源的合法性，并确保采购原材料的过程不那么滥用。

3.4.4　区块链不可篡改性面临的相关威胁

1. 51%攻击

不可篡改性面临的威胁当然就是区块链被篡改，最常见的可以修改区块链历史的方法之一是通过 51%攻击(也称为双花攻击)。在 51% 攻击场景中，攻击者通过拥有大部分哈希能力(生成新块所需的计算能力)来控制区块链。这使他们能够根据自己的意愿修改交易历史，为特定账户注资，同时消耗其他账户资产。

然而，对流行的区块链发起 51% 攻击说起来容易做起来难，更改历史区块(攻击开始前锁定的交易)极其困难。交易越靠后，更改它们就越困难。在检查点之前更改交易是不可能的，因为交易在比特币区块链中成为永久性的，并且需要大量资金(用于高级采矿设备)和电力(用于运行设备)才能成功。它在经济上也不可行，因为它很可能会导致目标加密货币的价格暴跌。

2. 量子计算

还有一种潜在的威胁——量子计算。它正在威胁区块链的不变性。专家的几项研究表明，量子计算有可能对区块链网络的公钥进行逆向工程，进而找到用于闯入系统的私钥。这无疑是这个领域的一个真正挑战，可以影响近 50% 的区块链。

3. 智能合约漏洞

另一个可能的威胁就是智能合约漏洞。智能合约漏洞是指在智能合约代码中存在的安全漏洞，可以被攻击者利用来实现非法盈利、篡改合同等恶意行为。由于智能合约一旦发布到区块链上就无法删除或修改，因此漏洞的存在可能会给用户、开发者和系统带来不可逆的损失。

智能合约漏洞的种类繁多，常见的漏洞包括但不限于以下几个方面：

1) 逻辑漏洞

智能合约中的逻辑错误可能导致不可预料的结果，如允许用户重复提款、授权了未授权的操作、没有校验输入数据等问题。

2) 短地址攻击漏洞

短地址攻击是一种特定的漏洞类型，攻击者可以刻意选择一个以 00 结尾的短地址，并且在传入地址参数的时候省略最后的 00，导致 EVM 在解析数量参数的时候会在参数末尾错误地补 0，最终导致超额转出代币。

3) 溢出漏洞

智能合约中可能存在计算溢出的问题，攻击者可以利用这种漏洞在不规则的区块链环境中窃取资产、影响交易等。

4) 授权漏洞

智能合约授权的问题是由于没有正确实现权限功能，在某些情况下，任何人都可以访问、修改、执行智能合约，这通常会导致恶意用户获取系统权限并进行攻击。

为了缓解智能合约漏洞带来的风险，业内专家提出了各种安全性建议和最佳实践，如审计智能合约代码、使用多重签名、控制资产流动等，风险总体可控。

此外，区块链的不可篡改性还面临一些非技术原因的影响，包括政策法规、市场环境、商业利益等。

3.5　可追溯性

3.5.1　可追溯性的定义

可追溯性是区块链的又一特征，区块链技术的可追溯性是指通过区块链的分布式账本来记录和追踪每个交易的全过程，从而使得交易的来源、去向和历史信息等都可以被有效地追溯和查找。这种记录和追踪的方式可以使得每个参与者都能够确定交易的真实性和合法性,并且防止任何人在交易中作弊或者欺诈。具体来说,所有的交易都将被记录在分布式网络中的多个节点上,每个节点都以相同的方式记录和验证交易信息。

节点之间会相互通信并进行信息共享,因此交易信息是公开且实时更新的。一旦发生交易,整个网络中的每个节点都会得到交易信息,并根据一定的规则进行验证。只有当大多数节点以相同的方式验证该交易信息并通过共识机制达成一致时,该交易才能被确认并记录在区块链中。每个交易记录都将被加密和链接到前一个区块,这种加密方式保证了交易数据的不可篡改性,同时也保障了交易的真实性和安全性。

由于区块链的可追溯性,在交易发生争议时,任何人都可以对交易数据进行验证和查找,追溯到交易的全过程,从而得出正确的结论。此外,在一些具有特定用途的区块链应用场景下,如食品安全、医疗保健和环境保护等领域,区块链的可追溯性可以被用来跟踪产品、药品、食品以及污染物等的流通和使用情况,保证其质量和安全。

3.5.2　区块链可追溯性的应用场景

区块链因为具有可追溯性的特征,具有诸多应用,与传统的溯源系统不同,传统的溯源系统一般都是使用中心化账本模式,由各个市场参与者分散孤立地记录和保存,是一种信息孤岛模式。在中心化账本模式下,谁作为中心维护这个账本成为问题的关键。无论是源头企业,还是渠道商保存,由于其自身都是流转链条上的利益相关方,当账本信息不利于其自身时,都有可能选择篡改账本或者谎称账本信息由于技术原因而丢失了。这样的例子在生活中屡见不鲜,摄像头总是在关键的时候没有被打开,因此,利益相关方维护的中心化账本在溯源场景下是不可靠的。区块链在登记结算场景上的实时对账能力,在数据存证场景上的不可篡改和时间戳能力,为溯源、防伪、供应链金融和供应链管理等场景提供了有力的工具。

在金融交易中,区块链技术的可追溯性为金融交易提供了更高的安全性和可靠性。利用区块链技术记录和追踪交易信息,每个参与者都可以轻松地对交易进行追溯和审核,保障了交易的合法性和真实性。同时,区块链的可追溯性可以防止恶意行为和交易欺诈行为。

在供应链管理领域,供应链中的每一个环节都会涉及各种物流、贸易和金融等业务操作,数据不断生成和流转。过去数据跟踪和共享的难题一直是制约供应链管理效率与高效性的重要因素。区块链技术可以为其提供完美的解决方案。区块链的分布式账本可以将所有交易信息安全地记录下来，并保证可追溯性。这意味着供应链中的每个节点，包括生产商、运输商、监管机构和消费者都可以通过区块链追溯商品的来源和生产过程。使用区块链技术进行供应链溯源可以帮助企业实现对商品质量的监管，提高生产和销售效率并降低运营成本。

在身份验证中，区块链技术的可追溯性可以用于金融机构的身份验证。在金融交易中，身份验证是非常重要的一个环节。传统身份验证方式存在诸多问题，如易被攻击、易受伪造、易泄露等。利用区块链技术记录和追溯交易信息，可以更加安全和可靠地完成身份验证。每个参与者的身份和交易历史都会被记录并加密在区块链上，只有经过特定的授权才能访问。

3.5.3　区块链可追溯性和隐私保护的关系

区块链的可追溯性和隐私保护之间存在一定的矛盾关系，但并不意味着区块链不能保护隐私。区块链可以通过相关手段避免隐私泄露。

在区块链上，每一笔交易信息都会被记录，并且这些交易记录在整个网络中都是公开透明的，因此可以实现高度的可追溯性。但是，这种公开透明的机制也意味着用户的数据会被公开展示，很容易受到隐私泄露的威胁。

为了解决这个问题，一些新兴的隐私保护技术如同态加密、零知识证明和多重签名等被广泛应用于区块链系统中。这些技术能够在一定程度上保护用户的隐私，同时还能保证区块链的可追溯性。例如，多重签名技术可以设置多层权限认证，使得数据只有在多个授权人共同确认后才能被访问；同态加密技术则允许在保持数据完整性的情况下对数据进行计算操作，从而最大程度地保护了用户的数据隐私。

因此，虽然区块链的可追溯性和隐私保护之间存在一定的矛盾关系，但是通过新兴的隐私保护技术的应用，区块链仍然可以保护用户的隐私。

3.6　开　放　性

3.6.1　开放性的定义

开放性也是区块链的突出特点之一，这种开放性不仅体现在技术本身的开放性方面，还包括了区块链应用的开放性、社区开放性以及开发者的开放性等多个维度。

区块链具有开放性的特征，这意味着人们可以自由加入区块链，并得到所有信息，整个系统高度透明，只有各方的私有信息是加密的。比特币网络在系统层面上信息完全公开，各个成员可以借助各种字符实现信息公开的同时保证信息的安全。这就决定了区块链系统是开放的，除了交易各方的私有信息被加密外，区块链的数据对所有人公开，任何人都可以通过公开的接口查询区块链数据和开发相关应用，让整个系统信息高度透明。

在技术实现上，区块链通过分布式账本技术来完成数据的共享和互通。整个区块链网络中的参与者都能够查看和共享账本数据，同时也可以向链上提交新的交易或数据，这些数据会经过加密验证后被记录到区块中并广播给其他节点。通过这种方式，区块链实现了数据共享和互通，并且保证了数据的安全性和完整性。

区块链技术基础设施的源代码都是公开的，任何人都可以查看和使用它们。例如，比特币的源代码已经在 GitHub 上开放了，同时其他区块链项目的源代码也同样具有开放性。这种开放的源代码可以促进技术创新和发展，同时也可以防止出现重大漏洞或者恶意挖矿等行为。

区块链技术采用的是开放的协议，这意味着任何人都可以根据这些协议来开发应用程序或者构建新的区块链。例如，在以太坊开发环境中，开发人员可以基于 Solidity 语言编写智能合约，并将其部署到以太坊区块链上。

3.6.2　开放性的优点和弊端

区块链的开放性是其重要特点之一，同时开放性也带来了显著的优点和一些弊端。

1. 优点

(1) 带来技术创新。区块链技术的开放性可以激发大量的新想法和方法，从而推动技术的不断发展。由于任何人都可以基于现有的技术进行改进或者开发新的技术，这种开放性为创新提供了更广阔的空间。

(2) 防止垄断。区块链技术的开放性可以防止厂商垄断市场。由于整个区块链生态系统是开放的，任何人都可以参与其中。因此，即使某个厂商占据了市场份额，其他厂商也可以在技术上超越它并争夺市场。

(3) 带来透明性和数据完整性。区块链技术可以让交易信息变得透明，并确保数据不可篡改。这种透明性和数据完整性方便了监管机构进行数据审计与追踪，从而提高了监管的有效性和合规性。

2. 弊端

当然，开放的区块链也带来一些弊端。一是技术安全性问题。区块链技术是开源的，因此每个人都可以查看和修改其代码。这种开放性也可能会导致漏洞和安全问题。攻击者可以利用这些漏洞来攻击网络。因此，在区块链技术中，需要进行安全审计和防范措施，保证区块链的安全性和稳定性。二是难以升级。由于区块链技术的节点分布在全球各地，因此升级和改进过程需要全球协同完成。这也意味着升级需要花费大量的时间和人力，同时还需要考虑到兼容性和安全性等问题。三是难以监管。由于区块链技术的开放性和去中心化特性，使得政府监管机构难以对其进行有效监管。这给一些非法活动创造了条件，如洗钱和交易黑市等。因此，需要综合运用技术手段和法律手段来加强区块链技术的监管。

综上，区块链是一个去中心化的分布式数据库，去中心化是其最本质的特征，且其本质是现代数据库技术、现代密码学、网络管理激励机制的集成，是一门集现代信息技术、数学、金融学、法学等学科为一体，解决人与人之间信任问题的科学，从而为未来阐述区块链将引领财务业务创新与会计核算革命提供逻辑基础。不仅是技术上，其在社会学层面也有着本质的特征，总结来说，就是运用了一套技术体系，解决了信任问题。

第4章　区块链的技术架构

区块链技术作为新兴的网络技术框架，有其固有的底层技术架构，共分为6层，包括数据层、网络层、共识层、激励层、智能合约层和应用层。每层分别完成一项核心功能，各层之间相互配合，实现一个去中心化的信任机制。本章重点阐述区块链的技术架构，全面呈现区块链的所有结构组成，为读者提供立体、多维的区块链技术架构。

4.1　区块链技术架构概述

4.1.1　区块链技术架构的基本组成

随着区块链技术的广泛应用，人们越来越关注它的技术架构，因为一个优秀的技术架构可以保障区块链应用的性能、可靠性和安全性。区块链技术架构的基本组成如图4.1所示，可以分为六大部分。

1. 数据层

数据层是区块链技术架构中最基础的部分，它负责存储和维护所有的区块链数据。区块链使用一种特殊的数据结构——区块结构来存储数据，每个区块链都包含前一个区块的哈希值和当前区块的数据。这种数据结构保证了数据的安全性和不可篡改性。

2. 网络层

网络层是区块链技术架构中的一个重要组成部分，它负责节点之间的通信和数据传输。

区块链网络是一个分布式网络，由众多节点组成，每个节点都存储着整个区块链的副本，通过点对点的通信来实现数据同步和交换。

加密货币、区块链供应管理、区块链物联网、区块链游戏	应用层
智能合约脚本、智能合约开发、智能合约部署	智能合约层
激励机制、发起机制、分配机制	激励层
PoW共识机制、PoS共识机制、DPoS共识机制、PoA共识机制等	共识层
P2P网络协议、Bitcoin网络协议、Ethereum网络协议、IBC协议、MAP协议	网络层
哈希算法-Merkle树、区块头、区块体、时间戳、加密算法、链式结构版本号、交易记录	数据层

图 4.1　区块链技术架构的基本组成

3. 共识层

共识层是区块链技术架构中的核心部分，它负责解决区块链中的节点之间的一致性问题。由于区块链是一个分布式系统，节点之间存在着不可信的环境，因此需要一种共识算法来保证所有节点都同意添加新的区块到区块链上。目前常见的共识算法有工作量证明、权益证明等。

4. 激励层

激励层是区块链技术架构中的一个重要组成部分，它主要解决了节点之间的奖励和惩罚机制。通过激励机制，可以鼓励节点参与共识过程，增强区块链的安全性和稳定性。

5. 智能合约层

智能合约层是区块链技术架构中的一个重要组成部分，它可以实现自动化的合约执行。智能合约被存储在区块链上，可以被编程执行。智能合约可以用于实现各种应用场景，如数字资产管理、供应链管理、票据结算等。

6. 应用层

应用层是区块链技术架构中最上层的部分，它包括各种应用场景，如数字货币、数字资产、智能合约等。应用层通过调用底层的共识算法和加密算法来实现安全、可靠的数据存储与传输。

4.1.2　区块链技术架构的关键特征

区块链技术根据其架构，共有七大关键特征，分别是：分布式存储、不可篡改性、去中心化、安全性、透明性、匿名性和自动化。

1. 分布式存储

区块链技术采用分布式存储的方式来存储数据，每个节点都存储着整个区块链的副本。这种分布式存储的方式不仅可以提高数据的可靠性和安全性，还可以避免数据的单点故障。

2. 不可篡改性

区块链技术中的数据结构采用了一种哈希指针的方式来连接各个区块，每个区块都包含前一个区块的哈希值。这种数据结构保证了区块链数据的不可篡改性，一旦区块链上的数据被确认，就无法被修改。

3. 去中心化

区块链技术没有中心化的控制机构，所有的节点都是平等的，可以参与到区块链网络中。这种去中心化的特点使得区块链具有较强的抗攻击能力和韧性。

4. 安全性

区块链技术采用了加密算法来保证数据的安全性，同时通过共识算法来保证区块链网络的安全性。由于区块链是一个分布式系统，因此节点之间的互相监督和约束也可以增强区块链的安全性。

5. 透明性

区块链技术中的所有数据都是公开透明的，任何人都可以查看和验证区块链上的数据。这种透明性使得区块链技术在数字资产管理、投票和选举等领域具有广泛的应用前景。

6. 匿名性

区块链技术中的参与者可以使用匿名身份参与到区块链网络中，保护了参与者的隐私和个人信息。

7. 自动化

区块链技术中的智能合约可以实现自动化的合约执行，减少了人为干预的可能性，提高了交易的效率和可靠性。

4.2　数　据　层

4.2.1　区块链数据的基本结构

在区块链技术的数据层中，数据结构是实现区块链的核心部分。区块链的数据结构定义了区块链中存储数据的方式和方法，是实现去中心化、安全、不可篡改等特性的重要基础。区块链的数据结构可以通过一个简单的例子来理解。假设有三个人在一个网络中进行交易。这些交易会被打包成一个区块，然后通过网络广播给所有人。当一个区块被广播到网络上的所有节点后，这个区块就被认为是被"确认"的。一旦一个区块被确认，其中的交易就不可逆地被记录下来，并且该区块就会成为区块链的一部分。区块链的数据结构是由多个区块组成的链式结构，其基本组成部分为区块，每个区块由区块头和区块体两部分组成。区块头包含该区块的元数据，如区块的哈希值、时间戳、难度目标、上一个区块的哈希值等；而区块体则包含该区块中的所有交易信息。区块链的具体数据结构如图 4.2 所示。

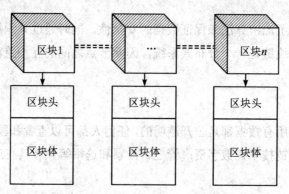

图 4.2　区块链的数据结构示意图

1. 区块头

区块头是区块的元信息，用于描述区块的一些重要属性。区块头中的内容如下：

(1) 版本号(Version Number)：记录当前区块链应用程序版本的标识号。

(2) 时间戳(Timestamp)：记录区块生成的时间，通常由区块创建节点提供。

(3) Merkle 根节点(Merkle Root)：是一种用于验证区块中交易完整性的哈希树结构，是 Merkle 树的顶部节点。它是由所有叶子节点的哈希值逐层计算得出的，也就是由所有交易的哈希值计算而来的。

(4) 难度目标(Bits)：表示该区块生成或验证所需的难度系数，用来确保区块产生的速度和安全性。

(5) 随机数(Nonce)：用于挖矿的一个随机值。它的目的是使区块头的哈希值满足一定的条件，从而产生新的区块。

(6) 上一个区块的哈希值(PreHash)：记录前一个区块的哈希值，确保区块链的链接性。

(7) 区块哈希(Block Hash)：区块头中的哈希值是通过将区块头中的所有信息作为输入，经过一个哈希函数计算得到的。这个哈希值作为该区块的数字指纹，唯一地标识了该区块，并且确保了该区块与链中的前一个区块紧密相连。由于哈希值是唯一的，因此任何对区块的篡改都将改变哈希值，从而导致与其相邻的区块的哈希值也发生变化，破坏了整个区块链的完整性。

2. 区块体

区块体是区块的主要内容，用于存储多个交易的详细信息。其相关结构如下：

(1) 交易列表(Transaction List)：区块体包含多个交易列表，每个交易包含一组输入和一组输出。

(2) 输入(Input)：输入是交易的一部分，它们指向之前的交易输出，作为新交易的输入。

(3) 输出(Output)：输出是交易的一部分，它们定义了交易输出的数量和接收者地址。

区块链的数据结构是非常重要的，数据结构确保了区块链的安全性和完整性。区块链独特的数据结构可以保证交易的安全，同时也可以确保区块链的可扩展性和可靠性。

4.2.2　区块链数据的存储方式

区块链是一种去中心化的分布式数据库技术，它将数据存储在网络的所有节点上，并且保证了数据的安全性和不可篡改性。它的目标是通过去中心化的方式来保证数据的可靠性、安全性和不可篡改性。区块链的存储方式与传统的中心化数据存储方式不同，它将数据存储在多个节点上，每个节点都有完整的数据拷贝，并且每个节点都可以对数据进行验证和更新。在区块链中，数据是按照块的形式存储的，每个块包含一个或多个交易，每个交易都被加密和验证，并且被连接在一个链上。由于区块链是去中心化的，每个节点都需要存储所有的交易和块，因此需要大量的存储空间。为了解决这个问题，区块链采用了一些技术来压缩数据和减小存储空间。根据不同的存储方式和用途，可以将常见的区块链存储方式分为分布式存储、压缩存储、加密存储和 IPFS 存储。

1. 分布式存储

区块链的分布式存储意味着所有的数据都被存储在网络的每一个节点中，这些节点相互连接组成了一个去中心化的网络。这种存储方式保证了数据的安全性和可靠性，因为即使某些节点出现故障或遭受攻击，整个网络依然可以继续运作，数据也不会丢失。在比特币区块链中，所有的交易数据都被存储在网络中的每一个节点中，这种方式确保了数据的安全性和可靠性。

2. 压缩存储

区块链中的数据可以通过压缩存储的方式来减少存储空间的占用。在比特币区块链中，交易数据被压缩成了一个叫作"Merkle 树"的数据结构，这种结构可以将大量的数据压缩成一个较小的摘要，从而减少了存储空间的使用。Merkle 树是一种二叉树，其中每个叶子节点代表一个数据块，每个非叶子节点是其子节点的哈希值，最终根节点的哈希值代表了整个数据集合的完整性。通过这种方式，比特币区块链可以在不占用太多存储空间的情况下存储大量的交易数据。

3. 加密存储

区块链中的数据可以通过加密的方式来保证数据的安全性和隐私性。在比特币区块链中，每一笔交易都使用了公钥和私钥的加密技术来保护交易的安全性和隐私性。同时，区块链中的数据也可以使用哈希函数来保证数据的完整性和安全性。哈希函数是一种将任意长度的输入数据映射成固定长度输出的函数，它具有不可逆性和雪崩效应等特性，可以保证数据的完整性和安全性。

4. IPFS 存储

除了上述三种存储方式外，还有一种新兴的存储方式——IPFS 存储。IPFS 全称是 Inter Planetary File System(星际文件系统)，它是一个分布式文件系统，可以将文件存储在一个全球网络中的各个节点上，实现了数据的点对点传输。IPFS 存储可以为区块链提供一个去中心化的数据存储解决方案，可以将区块链中的数据存储在 IPFS 网络中，从而减轻区块链节点的存储负担。使用 IPFS 存储可以使得区块链中的数据更容易访问和传输，同时也提高了数据的可靠性和安全性。

这些存储方式都可以为区块链提供可靠、安全和去中心化的数据存储解决方案。区块链的发展不断推动着数据存储技术的进步，未来还可能会出现更多新的存储方式来满足不同的需求。

4.2.3　区块链数据的加密算法

区块链技术的安全性和隐私性是其能够被广泛应用的重要原因之一，而加密算法则是保障这些重要特性的重要手段。区块链数据的加密算法包括哈希函数、对称加密算法、非对称加密算法、零知识证明和同态加密等。

1. 哈希函数

哈希函数是将任意长度的消息(明文)压缩成固定长度的消息摘要(密文)的一种算法。哈希函数具有不可逆性、唯一性和抗碰撞性等特性。在区块链中，哈希函数常用于对区块和交易数据进行摘要和签名，以确保数据的完整性和真实性。在比特币的工作原理中，每个区块的哈希值都依赖于前一个区块的哈希值，形成了一个链式结构，因此也被称为区块链。

2. 对称加密算法

对称加密算法是使用相同的密钥进行加密和解密的一种加密方式。由于对称加密算法具有高效、快速的特点，因此在区块链中被广泛使用。例如，比特币就使用一种被称为 SHA-256 的对称加密算法来保护交易数据的机密性。

3. 非对称加密算法

非对称加密算法指的是使用一对公私钥进行加密和解密的一种加密方式。与对称加密相比，非对称加密具有更高的安全性，因为加密密钥和解密密钥是不同的。在区块链中，非对称加密算法常用于数字签名、身份验证和密钥交换等方面。例如，以太坊使用的就是一种被称为 ECDSA 的非对称加密算法来保护交易数据的机密性和真实性的。

4. 零知识证明

零知识证明是一种能够证明某些信息的正确性，而不需要向证明者泄露任何有关该信息的其他信息的一种算法。在区块链中，零知识证明可以用于实现匿名交易、身份验证和数据隐私保护等方面。例如，Zcash 就是一个基于零知识证明的匿名加密货币。

5. 同态加密

同态加密是一种能够在密文状态下进行计算的加密方式。同态加密能够保护数据的机密性和隐私性，同时还可以使数据的处理更加高效。同态加密在区块链中的应用还比较有限，但是它可以被用于数据共享和数据处理等方面。例如，同态加密可以使区块链上的智能合约更加安全和隐私，同时还可以提高智能合约的可编程性和可扩展性。

综上所述，区块链数据的加密算法是区块链技术中的重要组成部分，对于保护区块链数据的安全性和隐私性具有至关重要的作用。哈希函数、对称加密算法、非对称加密算法、零知识证明和同态加密等加密算法都被广泛应用于区块链技术中，以保障区块链的安全性、隐私性和可靠性。在未来，随着区块链技术的不断发展和完善，相信区块链数据的加密算法也将不断创新和优化，为区块链技术的广泛应用提供更加坚实的基础。

4.3 网 络 层

4.3.1 区块链节点的类型

节点是指在区块链网络中运行的计算机，它们通过互联网相互连接并交换数据，共同维护区块链的运行和安全。节点可以根据其作用和特性进行分类：按照区块链的作用可以分为共识节点、同步节点和轻节点，按照区块链工作过程可以分为提议节点和验证节点，同时还有其他类型节点，如全节点和矿工节点。

1. 共识节点

共识节点(Consensus Node)是指在区块链网络中，通过共同达成某种共识算法的协议，在不可改变的分布式分类账上记录和验证交易的节点。共识节点的作用是为整个区块链网络提供公正、透明、安全的服务。共识机制是指在区块链系统中为了保证数据一致性、防止双花等攻击而使用的算法。不同的区块链系统采用的共识机制有所不同，如比特币采用的是工作量证明共识机制，而以太坊则采用的是权益证明共识机制。共识节点是区块链网络中非常重要的节点类型之一，它们通过运行区块链网络上的共识算法来验证交易并保证所有节点的数据一致性。共识节点具备高性能计算能力、高速网络连接、稳定的运行环境等特点。

2. 同步节点

同步节点(Synchronization Node)是区块链网络中负责节点数据同步的节点，它们负责将新的区块信息同步到其他节点，保证整个网络的数据一致性。区块链网络的数据是存储在每个节点上的，每个节点都需要保持与其他节点的数据一致性，以确保整个网络的正确运转。在这种情况下，同步节点就显得尤为重要，它们可以通过网络协议与其他节点进行通信，并获取最新的区块链数据。同时，同步节点也可以向其他节点提供自己拥有的信息，以帮助其他节点更好地了解整个区块链系统。同步节点可以理解为一个信息中转站，将区块链上的信息进行传递和同步。

3. 轻节点

轻节点(Light Node)是相对于全节点而言的，它们不需要存储全部的区块链数据，只需要存储一些关键的数据和区块头信息即可。轻节点主要用于查询区块链上的信息，而不需要参与共识算法和打包区块。轻节点可以理解为区块链上的"观察者"，只需要查看区块链上的信息即可。轻节点是一种特殊的节点类型，它不存储整个区块链，只存储区块头和少量的交易数据，通常用于轻量级的应用场景，如移动端的钱包应用，以便用户进行快速查询余额、发起交易等操作。轻节点只下载区块头，而不是整个区块。它可以通过 Merkle 根验证交易是否存在于区块中，从而验证交易的有效性。虽然轻节点不会存储整个区块链，但它们可以通过查询其他节点来获取所需的交易数据。需要注意的是，轻节点的验证方式并不完全安全，因为攻击者可以通过构造一个伪造的区块头来欺骗轻节点。为了提高安全性，轻节点可以向多个完整节点请求验证，以确保交易的有效性。

4. 提议节点

提议节点(Proposer Node)也称出块节点，是一种特殊的节点类型，负责创建新的区块并将其添加到区块链中。提议节点的工作方式取决于不同的共识算法。在 PoW 共识算法中，提议节点需要进行大量的计算工作，以解决难题并获得出块权。在 PoS 共识算法中，提议节点的出块权是基于它们所持有的加密货币数量来确定的。提议节点是负责提出新区块的节点。在共识算法中，提议节点根据一定的规则提出新区块，然后将其广播给其他节点。提议节点需要进行计算，选择有效的交易，构建新的区块，并尝试解决区块链上的共识问题。因此，提议节点通常需要具备一定的计算能力和资源，如矿工节点。

5. 验证节点

验证节点(Validator Node)是负责验证新的区块并将其添加到区块链中的节点。在共识算法中，验证节点会对接收到的新区块进行验证，确保其中包含的交易是有效的，并遵循区块链上的规则和约束条件。验证节点需要对区块链上的交易进行验证，验证其合法性，然后进行确认，使得交易被确认后能够被记录到区块链上。验证节点通常需要具备较高的计算能力和网络带宽，以便及时处理交易请求。验证节点通常需要支付一定的费用来作为验证奖励，这样既可以激励节点参与验证新的区块，同时也可以防止恶意节点的攻击。

6. 全节点

全节点(Full Node)是指在区块链网络中保存着完整的区块链数据，并能够向其他节点进行数据验证、交易广播等操作的节点。它可以完整地存储、处理和转发所有的区块链交易信息，并对交易的有效性进行验证，是区块链网络中最基本的节点类型之一。简单来说，全节点是区块链网络中保存所有区块链数据的节点。全节点在区块链系统中扮演着非常重要的角色，它们是区块链网络中心化的基础，对于保证区块链网络的健康运行至关重要。全节点会向其他节点发送和接收信息，可以帮助网络确认和验证交易，保证区块链网络的安全。在比特币及其他区块链系统中，全节点需要下载区块链的全部数据，这些数据包括每个交易的详细信息，每个区块的哈希值、时间戳、难度目标、随机数等信息。作为一种重要的区块链节点类型，全节点需要占用相对较大的磁盘空间和计算资源，同时也需要良好的网络连接和稳定的带宽，以便快速地执行数据传输和验证操作。通过与其他全节点的交互，全节点可以确保区块链网络上的数据一致性，并且可以发现和纠正所有的不一致之处。此外，全节点还可以帮助新加入的节点进行区块链同步，确保新节点与网络中的其他节点具有相同的完整区块链数据。总之，全节点是区块链网络中最重要的节点类型之一，它们对于保证区块链网络的稳定和安全具有不可替代的作用。

7. 矿工节点

矿工节点(Miner Node)是用于验证和创建新区块的节点类型。在比特币及其他区块链系统中，矿工节点需要通过不断解决数学难题来参与区块链网络中区块挖掘的过程，以获得新生成的数字货币作为奖励。这个过程称为"挖矿"，而参与挖矿的节点就是"矿工节点"。矿工节点在区块链系统中具有非常重要的作用，尤其是对于那些需要消耗大量计算资源的区块链系统。通过参与挖矿过程，矿工节点可以帮助区块链网络确认和验证交易，并且维护整个区块链系统的运行稳定性。同时，挖矿过程也提供了一个公平的机会，任何拥有计算资源的人都可以加入挖矿的行列中。

需要注意的是，这七种节点类型并不是互相独立的，很多节点都可以同时扮演不同类型的角色。例如，全节点既可以作为共识节点，也可以作为同步节点；提议节点和验证节点可以是同一个节点，也可以由不同的节点来担任。在某些共识算法中，提议节点和验证节点的角色可能会不断地轮换，以保证区块链网络的去中心化和公正性。此外，随着区块链技术的不断发展，可能会有更多不同类型的节点出现，以满足不同的应用场景和需求。不同类型的节点在区块链系统中具有不同的功能和作用，共同构成了一个分布式、去中心化的网络，以确保整个网络的安全和稳定。

4.3.2　区块链节点之间的通信协议

区块链是一种分布式账本技术，它可以实现不同参与者之间的数据和价值交换，而不需要中心化的机构或信任机制。区块链由多个节点组成，每个节点都存储着相同的账本数据，并通过网络进行通信和协作。为了实现区块链网络的去中心化、高效、安全等特性，区块链节点之间需要遵循一定的通信协议。通信协议是一种规定了通信双方如何交换信息的规则和标准。区块链节点之间的通信协议是指在区块链网络中，不同的节点如何相互连接、通信和共享资源的规则。在区块链中，通信协议可以分为网络层协议、应用层协议及其他特殊的通信协议。

1. 网络层协议

网络层协议是指负责实现区块链节点之间的基础网络连接和数据传输的协议。网络层协议通常使用 P2P 架构，即每个节点都可以直接与其他节点进行连接和通信，而不需要中心化的服务器或中介。P2P 架构可以提高区块链网络的去中心化程度、容错能力、可扩展性等优势。常见的网络层协议有 TCP/IP、UDP、Kademlia 等。Kademlia 协议最初是为 BitTorrent 等 P2P 文件共享网络设计的，但后来被广泛应用于其他 P2P 网络和区块链中。该协议使用一种被称为"K-bucket"的数据结构来管理节点之间的联系和查找数据，从而提高网络的效率和可靠性。在 Kademlia 网络中，每个节点都有一个唯一的 160 位 ID，通常使用 SHA-1 算法生成。节点之间通过距离度量来确定它们之间的物理距离，即用一个 160 位的数字表示两个节点之间的距离。这个距离计算基于节点 ID 的异或操作，其中距离最小的节点被视为最接近。当一个节点需要查找数据时，它会将查询消息发送给距离最接近目标 ID 的节点。如果该节点无法提供所需的数据，则它将该查询消息转发给它所知道的距离目标 ID 更近的节点，直到找到目标节点或找到最近的节点为止。通过这种方式，Kademlia 网络能够快速找到目标节点并获取所需的数据。

2. 应用层协议

应用层协议是指负责实现区块链节点之间的具体业务逻辑和功能的协议。应用层协议通常定义了区块链节点如何生成、验证、传播、存储等账本数据，以及如何达成共识、处理冲突、执行智能合约等操作。应用层协议可以根据不同区块链的目标和需求进行定制和优化。常见的应用层协议有比特币网络协议、以太坊网络协议等。

1) 比特币网络协议

比特币网络协议是最早也是最经典的区块链通信协议之一，使用了 P2P 网络层协议和 PoW 应用层协议，在安全性方面表现很好，可以抵抗 51%攻击、双花攻击等常见攻击，并且保证了交易数据的不可篡改性和匿名性。但是，比特币网络协议在网络效率和可扩展性方面表现较差，有着较低的吞吐量(每秒约 7 笔交易)、较慢的响应速度(每个区块的生成速度约 10 分钟)、较高的资源消耗(大量计算和存储资源被浪费在无用的哈希运算上)、较差的兼容性(难以支持新的功能和协议的更新)。比特币网络协议在简洁性方面表现一般，它的设计和实现相对简单，但是也有一些不够清晰和易懂的地方，如未花费的交易输出模型、脚本语言等。

2) 以太坊网络协议

以太坊网络协议是另一个非常流行的区块链通信协议之一，它也使用了 P2P 网络层协议，但是在应用层协议上使用了 PoW 和 PoS 两种共识机制，并且引入了智能合约的概念。以太坊网络协议在安全性方面表现不错，它可以抵抗大部分攻击，并且保证了交易数据的不可篡改性和部分匿名性。但是，以太坊网络协议在网络效率方面表现不佳，它有着较低的吞吐量(每秒约 15 笔交易)、较慢的响应速度(每个区块约 15 秒出一次)、较高的资源消耗(大量计算和存储资源被用于执行智能合约)。以太坊网络协议在可扩展性方面表现一般，它可以支持更多的功能和协议的更新，但是也面临着不同节点之间的同步和互操作性问题。以太坊网络协议在简洁性方面表现较差，它的设计和实现相对复杂，涉及很多细节和难点，如以太坊虚拟机、状态树、贪婪最重可观测子树协议等。

3. 特殊的通信协议

除了网络层协议和应用层协议外，还有一些特殊的通信协议，它们主要用于实现不同区块链之间的数据和价值交换，即跨链通信。跨链通信是区块链技术发展的重要方向之一，它可以打破不同区块链之间的孤岛效应，实现更广泛和更深入的互操作性和协作。常见的跨链通信协议有 IBC 协议、Polkadot 协议、MAP 协议等。

1) IBC 协议

IBC(Inter-Blockchain Communication)协议是一种跨链通信协议，旨在实现不同区块链之间的互操作性。它可以让用户将资产和信息在不同的区块链之间自由地传输和交换，从而实现更加开放和互联的区块链生态系统。IBC 协议最初是在 Cosmos 生态系统中开发的，但现在已成为跨多个区块链平台的通用协议。它基于一组互操作标准，这些标准定义了区块链之间通信的方式、消息格式、验证和处理方法。IBC 协议的核心思想是通信通过连接。连接是两个区块链之间的通信通道。这些连接由 IBC 模块实现，每个 IBC 模块都充当一个跨链中介。当两个区块链建立连接时，两个区块链便可以在它们之间传输不同类型的信息，如资产和智能合约状态。

2) Polkadot 协议

Polkadot 是一个跨链协议，旨在实现不同区块链之间的互联互通和共享安全性、扩展性和稳定性。Polkadot 的核心思想是"多链架构"，即将不同的区块链组合成一个网络，形成可扩展的互操作协议。Polkadot 的跨链通信机制基于平行链(Parachain)之间的消息传递和验证机制，Polkadot 通过引入中继链(Relay Chain)来确保所有的 Parachain 都可以进行交互。Relay Chain 负责跨链通信和共识机制，而 Parachain 则负责处理各自的业务逻辑，并使用 Polkadot 提供的链间消息传递机制实现跨链交互。

3) MAP 协议

MAP 协议是一种跨链协议，旨在为各种应用提供底层技术支持。它允许建立具有独立实现和自主治理的区块链，并通过轻客户端和零知识证明技术，实现对数级空间复杂度的即时链间验证。MAP 协议采用了中本聪共识机制来保证网络的去中心化和安全性。通过中继链的架构，MAP 协议可以实现多链扩展和跨链通信。它支持 EVM 和非 EVM 的链，以及基于 Web 的应用程序和分布式应用。MAP 协议采取完全去中心化的模式，实现了每个节点都有平等的参与和治理权利，通过社区投票和提案的方式，保证了网络的自治性和公正性。MAP 协议允许用户根据需求添加或删除不同类型的智能合约和应用程序。

区块链节点之间的通信协议是区块链系统不可或缺的一部分，它定义了节点之间如何交换数据和信息，并保证了整个系统的稳定性和安全性。随着区块链技术的不断发展和完善，通信协议也将会不断地演化和扩展，以适应更广泛的应用场景。在未来，我们可以期待更多高效、安全、可靠的区块链通信协议的诞生，为区块链技术的发展注入新的活力。

4.3.3 区块链的点对点网络

点对点网络是区块链技术的核心之一，因为它是实现去中心化和共识机制的基础。它实现了一个分布式的账本系统，每个节点都存有完整的账本信息，以保证整个系统的安全性和可靠性。节点之间通过广播机制，将新的交易和区块广播到网络中，其他节点通过验证和存储这些数据，再传递给其他节点，最终形成一个完整的、去中心化的区块链数据库。

点对点网络在区块链技术中使用了多种协议来实现数据传输和节点之间的通信，如可靠的 TCP/IP 协议，其中一些特定的 P2P 网络使用了自定义的通信协议，如 4.3.2 节介绍到的比特币网络协议和以太坊网络协议等。

点对点网络的工作过程主要包括节点发现、路由选择、数据存储与共享和挖掘新区块几个步骤。

1. 节点发现

当一个新的节点加入点对点网络中时，它需要确定自己周围的节点。节点发现机制通常采用广播方式，即新节点向周围的节点发送查询消息，询问其他节点的信息，并等待回应消息。当一个节点收到查询消息后，会将自己的 ID 和地址信息返回给新节点，从而建立起邻居节点列表。

2. 路由选择

当一个节点想要和其他节点通信时，它需要选择一条合适的路由路径。路由选择算法的目标是选择最优的一条路径，如选择最短、最稳定、最快速的路径。通过邻居节点列表和路由算法，节点可以快速确定消息的传递路径。

3. 数据存储与共享

在点对点网络中，数据没有集中存储在特定的中心节点上，而是分布在各个节点上。因此，节点之间需要协作来完成数据的存储和检索。一般情况下，每个节点都可以维护自己的本地存储，并把一部分数据分享给其他节点。这种共享信息的方式称为"数据共享"，它是点对点网络的一个重要特性。

4. 挖掘新区块

在一些基于区块链的点对点网络中，节点需要进行"挖矿"以获得新的区块奖励。挖掘过程包括验证交易、解决数学难题和更新本地的区块链数据库等步骤。通过这些操作，节点可以获得一定数量的加密货币作为奖励。

区块链的点对点网络是区块链技术的核心之一，它依赖于去中心化、节点发现、路由选择、分布式存储等机制来实现节点间的直接通信和数据共享。在这个网络中，每个节点都可以充当服务提供者和服务消费者，数据存储在每个节点上，保证了数据的安全和可靠性。此外，区块链的点对点网络还支持安全交易、智能合约等特性，使得其在金融、医疗、物联网等领域有着广泛的应用前景。

4.4 共 识 层

4.4.1 区块链的共识机制

区块链技术拥有去中心化、点对点传输、透明性、可追溯性、数据安全性等特点，这些特点使得区块链在各领域中发挥着至关重要的作用，得到了各大企业的广泛认可。其中，区块链的共识机制在保持系统安全稳定运行方面发挥了核心作用。

共识机制是一种区块链治理体系，是通过结合经济学、博弈论等多学科设计出来的一套保证区块链中各节点都能积极维护区块链系统的方法。它首先由中本聪在比特币白皮书中提出，逐渐发展成为一种维护分布式账本多中心化的重要机制，是保持区块链安全稳定运行的核心。共识机制主要遵循"少数服从多数"和"人人平等"两个哲学原则，通过这些规则，使系统中各个参与者快速就系统中记录的数据达成一致。其中，"少数服从多数"不仅局限于竞争节点数量，系统中的各个节点也可通过竞争计算能力、权益凭证数量或其他可竞争参数以取得其他节点的支持；"人人平等"意味着网络中记账节点的地位是平等的，所有节点都有机会优先获得提前写入数据的权利。

由于区块链技术的核心思想是去中心化，因此，它需要多个节点之间进行协作并达成共识，才能保证系统的安全性和可靠性。因而区块链的共识机制一般在需要多个节点协同工作的场景下使用，它可以保证数据的安全性和可靠性，并且避免了单点故障的问题。在实际应用中，区块链的共识机制被广泛应用于以下场景：

1. 数字货币交易

比特币等数字货币采用的是工作量证明机制，确保了交易记录的安全性和不可篡改性。

2. 物联网设备管理

物联网领域采用的是简化型的共识机制，如 IOTA 的 Tangle 机制，该机制可以让物联网设备之间直接交换和确认交易。

3. 供应链管理

区块链技术可以帮助实现供应链上信息的透明化和追溯性。例如,采用 PoA(权威证明)共识机制的 VeChain 可以实现对商品的溯源追踪,保证了每个商品的真实性和合法性。

4. 知识产权管理

采用 PoS(权益证明)共识机制的区块链平台如 EOS(Enterprise Operating System)可以帮助管理知识产权,确保作品的版权归属和使用权合法。

常见的区块链共识机制包括以下几种:工作量证明(Proof of Work,PoW)、权益证明(Proof of Stake,PoS)、权益委托证明(Delegated Proof of Stake,DPoS)和权威证明(Proof of Authority,PoA)。

4.4.2　工作量证明共识机制

工作量证明(Proof of Work,PoW)是一种共识机制,它主要通过解决复杂的数学问题来保证网络的安全性和可靠性。

工作量证明的原理基于哈希算法。哈希算法是将任意长度的输入(消息)映射到固定长度的输出(散列值)的一种算法,常用于验证数据的完整性和快速查找数据。在区块链中,每个区块都有一个包含交易的列表和一个头部信息。头部信息中包含了前一个区块的哈希值和难度系数等信息。挖矿的过程就是节点轮流尝试生成满足一定条件的哈希值(通常要求哈希值的前几位为 0),并将这个哈希值与当前区块的头部信息连接起来成为新的区块。因此,挖矿的实质是对当前区块头部信息进行哈希运算,直到得到符合要求的哈希值。而要生成符合要求的哈希值,必须不断地修改区块头部信息中的随机变量,直到获得正确的结果。

在实际应用中,这个过程需要消耗大量的算力资源,因为只有算力最强、能够第一时间生成符合要求的哈希值的节点才有资格加入新的区块。节点需要不断地进行哈希运算,直到挖矿成功。成功之后,节点把新的区块广播给整个网络中的其他节点,其他节点也会验证新的区块是否符合区块链的规则,并将其添加到本地区块链中。这个过程涉及一个难度系数,即在每个区块的头部信息中都包含了一个用于调节挖矿难度的难度目标。这个难度目标通常根据网络中的总算力调节,以保持挖掘新的区块的难度大约在 10 分钟一次。

工作量证明机制的安全性主要是基于计算能力的稀缺性来达成的。由于需要花费大量的算力资源才能够进行挖矿，恶意攻击者想要对网络造成威胁，需要拥有足够的算力资源来进行恶意攻击，而这种恶意攻击是需要高成本并具有高风险的，因此，工作量证明机制被认为是非常安全的共识机制之一。

尽管 PoW 机制已经是比特币等加密货币主流的共识机制，但它也存在一些问题。首先，PoW 机制消耗大量的计算资源和电力资源，有一定的环保难度；其次，PoW 机制对于普通用户来说门槛较高，需要投入昂贵的矿机等设备才能参与挖矿。因此，在实际应用中逐渐向其他共识机制转移的趋势也在逐渐形成。

4.4.3 权益证明共识机制

权益证明(PoS)机制是一种区块链共识机制，与工作量证明(PoW)机制不同的是，它使用持有代币的数量和时间长短来决定节点获得记账权的概率，而不是使用计算资源消耗来决定。权益证明机制的目的是让拥有更多代币的人更有可能成为权益共识网络的节点。

权益证明机制的工作过程如下：

(1) 以太坊等权益证明的区块链系统中，所有的参与者都要先把自己所持有的数字货币(比如 ETH)“质押”在网络上，这个过程又称为“锁仓”。

(2) 质押的数量越大，持有时间越长，参与者就越有可能被选中成为记账人，从而获得奖励。在每个出块周期，网络会随机选择一个记账人，由其完成新的区块的创建和确认。

(3) 如果这个节点没有按照规定完成记账，就会失去部分甚至全部质押的代币，并禁止一段时间内继续参与记账。这保证了节点参与者的责任感和奉献精神，同时也保证了区块链的安全性。

(4) 当选择记账人并确认新的交易记录后，验证者会将新区块广播到网络中，并更新所有节点的状态。这个过程是去中心化的，需要多个节点共同参与记账并达成共识。

总之，权益证明机制通过质押代币和时间成为记账人的凭证，来实现比工作量证明机制更加环保和高效的节点选择方案。相对于 PoW 机制，PoS 机制有更低的成本和能源消耗，同时也具有更快的交易处理速度和更高的可扩展性，因此得到了越来越多的应用和关注。

4.4.4　其他共识机制

1. 权益委托证明机制

权益委托证明(Delegated Proof of Stake, DPoS)机制是权益证明 (PoS) 机制的一种变体,旨在提高区块链系统的性能和可扩展性。DPoS 机制在区块链网络中引入了一个被称为"代理人"的概念,代理人通过获得网络上的股份授权来参与区块链节点的选举和验证。

DPoS 机制的核心思想是将节点选举和验证的过程分离。代理人通过持有股份并获得股份授权来参与区块链的节点选举。一旦代理人被选为节点,他们就需要对新区块进行验证,确保其符合区块链协议规定的条件。代理人还有权在新的区块链上创建新的区块,并获取一定的奖励。

在 DPoS 中,代理人的选举是通过链上投票进行的。股份所有者可以将他们的股份授权给任何代理人,这些代理人可以根据获得的授权票数进行排名。授权票数越多,代理人在节点选举中的排名就越高。只有排名前 N 名的代理人才有资格成为节点,N 是事先设定的节点数量。代理人可以随时更改他们的股份授权,因此在任何时候都可以重新选择代理人。

DPoS 机制的优点在于它可以提高区块链系统的性能和可扩展性。由于只有排名前 N 名的代理人才有资格成为节点,因此区块链系统中的节点数量可以非常大,而不会影响系统的性能。此外,代理人之间的选举和竞争使得代理人之间必须保持高度的活跃性和诚信度,从而进一步增强了区块链系统的安全性和稳定性。

2. 权威证明机制

权威证明(Proof of Authority,PoA)机制是一种共识机制,与工作量证明(PoW)机制和权益证明(PoS)机制不同,它并不依赖于计算机算力或代币数量来选择区块生产者,而是依赖于一组预先指定的授权者来完成区块链共识。

PoA 机制的工作原理是在一个已知的授权者列表中,每个授权者可以被视为一个矿工,负责验证和打包交易。区块链网络中每个区块都由一个授权者创建,因此授权者的身份和权威性对整个区块链的安全和稳定性至关重要。与 PoW 和 PoS 机制相比,PoA 机制的主要优势在于它可以提供快速的交易确认速度和低廉的维护成本。由于授权者是预选的,因此他们可以使用较低的硬件要求进行验证和打包交易,这降低了网络的能耗和维护成本。此外,由于网络中的授权者相对较少，因此处理交易速度更快，并且不需要进行繁重的计算任务。

然而，PoA 机制也存在一些缺点。例如，由于授权者是由网络管理者预先选定的，因此网络可能面临中心化和不可信的风险。此外，授权者的身份必须得到其他网络参与者的信任和认可，这可能需要一定的时间和努力。

PoA 机制主要应用于私有区块链网络和联盟链网络，这些网络通常由一组已知的实体或组织管理。例如，在企业内部使用区块链技术时，可以通过 PoA 机制来限制只有授权的员工才能创建和验证交易。此外，PoA 机制还可以用于处理区块链上的特定应用场景，如数字身份验证、文件存储和安全支付等。

总之，权益委托证明机制是一种高效且安全的共识机制，可以提高区块链系统的性能和可扩展性，使得代理人之间必须保持高度的活跃性和诚信度，从而进一步增强区块链系统的安全性和稳定性。而对于权威证明机制来说，作为一种共识机制，它可以在保证区块链交易速度和安全性的同时，降低维护成本和能源消耗。虽然它可能存在一些中心化和信任问题，但对于需要限制参与者或专注于特定应用场景的区块链网络而言，它是一个可行的选择。

4.5　激　励　层

4.5.1　激励层的设计目的和原则

激励层的设计目的是提高参与者的积极性，确保区块链系统能够安全、稳定地运行。在激励层中，通常会设计一些经济激励措施，通过奖励参与者的行为来鼓励他们为系统做出贡献，从而推动整个系统的发展。

在设计激励层时，需要考虑以下原则：

(1) 公平性：激励措施应该对所有参与者平等适用，避免出现任何形式的歧视或不公平对待。

(2) 有效性：激励措施应该能够有效地激励参与者为系统做出贡献，从而推动系统的发展。

(3) 可持续性：激励措施应该具有可持续性，避免过度消耗系统资源或导致经济失衡。

(4) 安全性：激励措施应该能够保障系统的安全性，避免出现作恶行为或攻击行为。

(5) 透明度：激励措施应该具有透明度，参与者应该清楚地了解如何获得奖励，以及奖励的来源和分配方式。

(6) 可调整性：激励措施应该具有可调整性，能够根据系统运行情况和参与者行为的变化进行调整和优化。

综上所述，激励层的设计目的是促进参与者的积极性，同时需要考虑公平性、有效性、可持续性、安全性、透明度和可调整性等原则。这些原则可以帮助设计者合理地设计经济激励措施，从而推动整个系统的健康发展。

4.5.2 激励机制的类型和特点

区块链激励机制是为了激励参与者进行有效的贡献和行为，从而促进区块链系统的稳定和安全而设计的一种机制。目前常见的区块链激励机制主要包括以下几种类型：

(1) 工作量证明(PoW)机制：是比特币等一些早期区块链采用的共识机制，通过计算机算力竞争来选举出区块的记账者。PoW 机制的优点是安全性较高，但缺点是需要大量的能源和算力，会造成能源浪费。

(2) 权益证明(PoS)机制：通过参与者持有的加密货币来选举记账者，持有的加密货币数量越多，获得记账权的概率越高。PoS 机制的优点是节约能源和算力，但存在"富者愈富"的问题，即持有更多加密货币的参与者获得记账权的概率更高。

(3) 权益委托证明(DPoS)机制：在 PoS 机制的基础上引入了选举委员会的概念，由委员会成员投票选出记账者。DPoS 机制的优点是效率更高，但存在中心化风险，即委员会成员的掌控程度可能会影响系统的稳定性。

(4) 权威证明(PoA)机制：通过委托机构来确认交易和生成区块，委托机构需要进行实名认证和背景调查。PoA 机制的优点是可扩展性强，但存在委托机构的中心化风险。

不同的激励机制适用于不同的场景，选择激励机制时需要考虑系统的安全性、效率、可扩展性等因素。此外，为了激励参与者的行为，激励机制需要设计合理的奖励和惩罚措施，以达到激励效果。

4.5.3 区块链激励机制的实现和应用

激励机制的实现方式主要有挖矿激励、奖励机制、利益共享和委员会选举。

挖矿激励：区块链中通过挖矿可以得到一定的奖励，以鼓励矿工进行验证交易的工作。

奖励机制：区块链可以制订不同的奖励机制，例如，通过贡献度奖励、竞赛奖励等方式来激励用户参与生态建设和社区治理。

利益共享：区块链技术可以实现利益共享，通过智能合约进行自动化分配，从而提高社区成员的参与度和活跃度。

委员会选举：区块链社区可以通过投票方式选举委员会成员，并对其进行奖励或惩罚，以保证社区治理的公正性和有效性。

区块链激励机制的实现和应用案例有很多，下面简要介绍一些代表性的实现和应用案例。

1. 比特币

比特币是第一个实现区块链激励机制的数字货币，其激励机制基于工作量证明(PoW)算法，矿工需要通过解决复杂的数学问题来验证交易，并获得相应的比特币奖励。该机制的优点是安全性高，但存在能耗过大、竞争激烈等问题。

2. 以太坊

以太坊采用的是权益证明(PoS)算法作为其激励机制，将代币作为权益的体现，通过代币持有者的抵押来验证交易。该机制相对于 PoW 机制能耗更低，效率更高，但存在少数代币持有者控制网络的问题。

3. EOS

EOS 是一个基于权益委托证明算法的区块链项目，其激励机制是通过持有代币来投票选出 21 个节点作为验证人，这些验证人负责验证交易、出块等工作，并获得相应的奖励。该机制的优点是速度快、效率高，但存在少数代币持有者控制网络的问题。

4. 文件币

文件币(Filecoin)采用的是复制证明(PoRep)和时空证明(PoSt)算法作为其激励机制，用户可以将存储空间出租给网络，并通过提供有效证明获得相应的代币奖励。该机制的优点是激励用户提供存储空间，但存在存储作弊等问题。

5. 奇亚

奇亚(Chia)是一个新兴的区块链项目，其激励机制基于矿工提供的硬盘存储空间，通过硬盘空间的有效证明获得代币奖励。该机制的优点是能耗低、效率高，但存在存储作弊等问题。

6. PancakeSwap

PancakeSwap 是一个基于 Binance Smart Chain 的去中心化交易平台，其激励机制基于流动性挖矿，用户通过提供流动性来获取平台代币奖励。该机制的优点是吸引用户提供流动性，但存在资金池被攻击的风险。

除了以上案例，还有很多其他的区块链项目都采用了不同的激励机制，每种机制都有其优缺点和适用场景。

4.6　智能合约层

4.6.1　智能合约的定义和基本原理

智能合约是一种在区块链技术中广泛使用的自动化合约。它是一组以数字形式编写的规则和条件，用于管理和执行双方之间的交易或协议。智能合约的主要目的是消除中介机构和人为干预，提高交易的安全性和透明度，并通过代码自动执行合约，减少争议的可能性。

智能合约的基本原理是将双方的合约条件转化为计算机程序代码，并在区块链上运行和存储。它是由区块链技术中的分布式账本、去中心化、智能合约代码和共识算法共同构成的。智能合约通常由特定的编程语言如 Solidity 等编写，具有特定的语法和语义，可以通过智能合约平台进行编译和部署。

智能合约的核心原理是自动化和去中心化。通过智能合约，双方可以直接在区块链上交换价值，而无须借助第三方机构。智能合约还具有透明性和可追溯性，所有的交易和合约条件都被记录在区块链上，任何人都可以查看和验证。

智能合约可以应用于各种场景，如数字货币的发行、首次币发行、去中心化应用程序的开发、供应链管理、金融合约等。区块链技术和智能合约的结合可以大大提高交易的安全性和可信度，并为人们带来更多的创新和商业机会。

4.6.2　Solidity 编程语言

Solidity 是一种高级编程语言，用于编写智能合约并在以太坊区块链上执行。它的语法类似于 JavaScript，但具有更严格的类型系统和其他特殊功能，以支持区块链的特殊需求。

Solidity 最初由以太坊创始人之一 Vitalik Buterin 设计，并由以太坊开发者社区贡献和维护。Solidity 支持面向对象编程范式，包括继承、多态和库等概念。此外，它还提供了一些特殊的数据类型和函数，如以太坊地址、以太币单位和区块链时间戳等。

Solidity 编写的智能合约可以被编译成 EVM(以太坊虚拟机)字节码，并在以太坊网络上部署和执行。智能合约可以与以太坊网络中的其他合约、以太坊地址和以太币进行交互，实现各种应用场景，如数字货币、去中心化应用、供应链管理等。

Solidity 的特点包括：

(1) 支持面向对象编程范式；

(2) 具有类似于 JavaScript 的语法，易于学习和使用；

(3) 具有更严格的类型系统，避免常见的类型错误；

(4) 提供了丰富的内置函数和库，方便开发人员编写智能合约；

(5) 具有良好的安全性和可靠性，可以避免许多常见的安全漏洞。

Solidity 在许多区块链项目中得到广泛使用，包括以太坊、Binance Smart Chain、Polygon等。除了官方文档外，也有许多社区资源和教程可供学习与参考。

4.6.3　智能合约的开发和部署

智能合约的开发和部署是指在区块链平台上使用编程语言编写智能合约代码，并将其部署到区块链网络中，以实现自动化执行合约逻辑的过程。

智能合约是基于区块链技术的应用程序，由代码、数据和规则组成。开发智能合约需要选择一个合适的区块链平台，并使用该平台所支持的智能合约编程语言进行开发。目前市场上最流行的智能合约编程语言是 Solidity，它是专门为以太坊平台设计的一种面向合约的编程语言。

1. 智能合约的开发

智能合约的开发通常需要经过以下几个步骤：

(1) 确定智能合约的需求和功能：智能合约的需求和功能需要在设计阶段明确，并形成详细的规范和文档。

(2) 选择开发工具和平台：开发智能合约需要选择合适的开发工具和平台。例如，以太坊平台提供了多种智能合约开发工具，如 Remix、Truffle 等。

(3) 编写智能合约代码：开发者需要使用所选的智能合约编程语言编写智能合约代码，实现合约的具体功能。

(4) 测试智能合约：完成智能合约的编写后，需要对其进行测试以确保其功能正确。

(5) 部署智能合约：将智能合约部署到区块链网络中，使其能够被其他节点访问和执行。

2. 智能合约的部署

智能合约的部署过程相对比较简单，但需要注意以下几个方面：

(1) 部署合约前需要准备好合约的相关信息，如地址、ABI(应用程序二进制接口)等。

(2) 部署合约需要支付一定的燃料费用。

(3) 部署合约后需要等待一定的时间，以便网络节点确认合约的有效性。

智能合约的开发和部署已经广泛应用于各种领域，如数字货币、金融、物联网等。例如，智能合约被用于实现数字货币的转账和交易，以及物联网设备之间的自动化交互。智能合约的应用还在不断扩展，随着区块链技术的不断发展，智能合约将会有更广泛的应用场景。

4.7　应用层

4.7.1　区块链应用程序的分类

区块链应用程序是指运行在区块链上的程序，其主要目的是实现某种业务需求或提供某种服务。根据应用场景和目的的不同，可以将区块链应用程序分为四大类：数字货币类应用、区块链供应链管理应用、区块链物联网应用和区块链政务应用。

1. 数字货币类应用

数字货币类应用是最早出现的区块链应用之一，其代表作品是比特币。数字货币是基于区块链技术的一种新型货币形态,其核心特征是去中心化、匿名性和安全性。数字货币可以被用于交换商品和服务,也可以被视为一种投资工具。数字货币的应用建立在区块链技术之上,区块链技术可以实现去中心化的账本管理,确保数字货币交易的可追溯性和防篡改性,并且可以通过智能合约等机制,为数字货币提供更多的应用场景,如去中心化金融(DeFi)、稳定币、预测市场、众筹等。

2. 区块链供应链管理应用

区块链技术可以用于改进供应链管理,提高供应链的透明度和可追溯性。具体来说,区块链可以用于记录产品的生命周期、交易信息和物流信息,从而实现供应链的可视化和追溯。此外,通过区块链技术的应用,可以消除供应链中的中间商,降低交易成本和时间,并提高交易的安全性和信任度。

区块链供应链管理应用的优势包括:

(1) 增强供应链的可追溯性。区块链技术可以记录物品的生命周期和交易信息,从而实现供应链的透明度和可追溯性,使得供应链的各个环节都能被监控和追踪。

(2) 降低交易成本和时间。区块链技术可以消除供应链中的中间商,直接将货物从生产商交付给消费者,从而降低交易成本和时间,提高效率。

(3) 提高交易安全性和信任度。区块链技术使用密码学算法保护交易数据和隐私信息,使得交易更加安全和可靠。此外,由于交易数据被保存在分布式节点上,避免了数据丢失和被篡改的风险,增强了交易的信任度。

(4) 促进供应链管理创新。区块链技术可以实现智能合约,自动化执行供应链管理规则和流程,促进供应链管理的创新和进一步优化。

目前已经有很多公司和组织开始将区块链技术应用于供应链管理,如 IBM 的区块链平台、Maersk 的 TradeLens 平台等。这些平台利用区块链技术,实现供应链的可追溯性、安全性和效率,有效降低了供应链管理的成本和时间。

3. 区块链物联网应用

区块链物联网应用是将区块链和物联网技术相结合,实现智能化设备之间的去中心化数据交换和管理的应用场景。其主要特点包括数据的透明性、去中心化、安全性和可靠性。区块链技术可以实现对数据的完整性和不可篡改性的保证,同时物联网技术可以实现对设备之间的连接和数据传输的支持,从而实现了对物联网设备的智能化管理。

在区块链物联网应用方面，已经出现了不少的应用场景，如智能城市、智能家居、智能医疗、供应链管理等。其中，智能城市应用可以通过物联网传感器实现对城市公共设施的实时监测和管理，从而提高城市运营效率和管理水平；智能家居应用可以通过智能设备的连接和交互，实现对家庭环境的智能化控制和管理，提高居住的舒适度和安全性；智能医疗应用可以通过传感器和智能设备的使用，实现对患者的生命体征监测和数据管理，提高医疗服务的效率和质量；供应链管理应用可以通过区块链技术的应用，实现对商品的溯源和防伪管理，提高供应链的透明度和安全性。

虽然区块链物联网应用已经有了不少的应用场景，但是目前还存在一些问题，如数据隐私保护、安全性等方面的问题，需要在未来的发展中加以解决。

4. 区块链政务应用

区块链技术在政务领域的应用是一个新兴领域，主要目的是提高政务效率、防范数据篡改和保障数据隐私。政务应用主要包括政务信息化、投票、公共服务等方面。

在政务信息化方面，区块链可以实现政府数据的安全存储和实时更新，确保数据的真实性和不可篡改性。例如，可以将政府部门的文件和数据记录到区块链上，实现政务数据的透明化和可信赖性。在政府采购和招投标领域，区块链可以帮助确保公平竞争和减少舞弊行为。

在投票方面，区块链可以实现去中心化的选举，确保投票结果的可靠性和公正性，防止选举过程中的欺诈和舞弊行为。区块链投票可以实现无须中心化的投票机制，确保每个选民都能平等参与。

在公共服务方面，区块链可以提高政府公共服务的透明度和效率。例如，在社会救助领域，区块链可以实现去中心化的信用评估和分发，确保社会救助资源的公平分配和利用。

4.7.2　加密货币的应用

加密货币是区块链技术应用最成功的领域之一，它是一种基于密码学技术和去中心化网络的数字资产，具有高度的安全性、匿名性和便捷性，逐渐被广泛应用于全球的金融交易、支付、投资等领域。以下是加密货币应用的具体介绍：

交易支付：加密货币可以作为一种去中心化、安全的支付方式，通过区块链技术保证交易的可追溯性和不可篡改性。用户可以通过加密货币钱包应用，实现快速、低费用的交易支付，避免传统金融体系中的中间商和高昂手续费的问题。

投资理财：加密货币作为一种数字资产，可以作为投资组合的一部分，具有潜在的高风险和高回报。许多投资者已经开始关注加密货币市场，进行投资、交易、投机等活动。

跨境汇款：传统的跨境汇款需要通过银行等中间机构进行处理，费用高昂、时间较长。加密货币可以在去中心化的区块链网络中，实现快速、低成本的跨境汇款，避免传统汇款的局限性。

加密通信：加密货币的技术基础是密码学技术，因此加密货币也可以作为一种加密通信的工具，保证通信的安全性和隐私性。

物联网支付：随着物联网技术的普及和发展，加密货币也可以作为一种去中心化的物联网支付方式，通过智能合约和区块链技术，实现对物联网设备的支付和管理。

总之，加密货币作为区块链技术的一个典型应用，具有多种应用场景和潜在的发展前景，同时也面临着一些技术、政策和市场等方面的挑战和风险。

4.7.3　区块链游戏和去中心化应用

1. 区块链游戏

区块链游戏指的是在区块链上开发的游戏应用，利用区块链技术实现游戏中的虚拟货币、资产等的安全交易和存储，确保游戏的公平性和可信度。区块链游戏一般采用智能合约来实现游戏规则和交易逻辑，并使用加密货币作为游戏的交易媒介。

区块链游戏利用区块链的去中心化和不可篡改性等特点，实现游戏物品和虚拟货币的真正所有权和交易，打破了游戏产业中的中心化和不透明的问题。同时，区块链游戏还可以通过智能合约实现自动化和透明化的游戏规则，消除了人为操作和欺诈的可能性。例如，CryptoKitties 是一款基于以太坊区块链的数字宠物游戏，每只数字宠物都是唯一的，可以拥有和交易。此外，区块链还可以为游戏开发者提供新的商业模式，如基于区块链的游戏收益共享和游戏资产证券化等。

区块链游戏的优势在于可靠性和安全性。由于使用区块链技术，游戏的虚拟货币和资产的交易记录被公开记录在区块链上，不会被篡改或删除。同时，由于使用加密货币作为交易媒介，交易的匿名性也得到了保障。

区块链游戏的劣势在于性能和用户体验。由于区块链的性能限制，游戏的处理速度和响应时间可能会受到影响。同时，由于加密货币交易需要一定的时间来确认，游戏中的交易也会受因此而延迟一定的时间。

2. 去中心化应用

去中心化应用是一种基于区块链技术实现的应用程序，它们具有去中心化、透明、可编程、开放源代码等特点。区块链去中心化的特点可以消除信任问题，使得去中心化应用的数据与交易具有不可篡改性和透明性。同时，去中心化应用的智能合约可以实现自动化和透明化的业务流程，提高了应用的安全性和效率。例如，去中心化交易所(DEX)是一种基于区块链技术实现的交易平台，它允许用户直接在链上进行交易，去除了中心化交易所的中间商，提高了交易效率和安全性。此外，去中心化应用还可以应用于数字身份、供应链管理、金融等领域，提高了数据的安全性和可信度。

去中心化应用的优势在于安全性和去中心化。由于去中心化应用运行在区块链网络上，其数据和交易记录被公开记录，不易被篡改和攻击。同时，由于去中心化的特点，去中心化应用可以实现更加民主化的应用程序开发和运营。

去中心化应用的劣势在于性能和用户体验。由于去中心化应用运行在区块链网络上，其性能可能受到限制。同时，由于去中心化应用是去中心化的，需要用户自行管理私钥等信息，使用上可能存在一定的技术门槛和用户体验问题。

总的来说，区块链游戏和去中心化应用都是区块链应用的重要方向，具有很大的发展潜力。虽然它们还存在一些局限性，但随着区块链技术的不断发展和完善，相信它们的优势会越来越凸显。

综上所述，区块链的技术架构保障了区块链应用的性能、可靠性和安全性。

第 5 章　区块链的工作原理

本章节主要介绍区块链的核心机制，包括区块链交易的产生、区块链数据的传播和验证，以及区块链区块的产生、验证和更新。区块链通过共识算法保证数据的一致性和安全性，已经得到了广泛的应用，并成为一个新兴的技术领域。

5.1　区块链交易的产生

在区块链中，交易是由参与网络的节点产生并广播到整个网络中进行验证和确认的。具体来说，一个交易通常包含以下几个组成部分：

交易的输入：表示要花费的资产信息，包括之前交易的输出、地址和数字签名等。

交易的输出：表示收款方的地址和转账金额等信息。

手续费：支付给矿工的费用，用于促进交易被优先打包确认。

当一个节点发起一笔交易时，它需要首先将交易信息进行签名，并广播到整个网络中。其他节点在接收到这个交易后，会对其进行验证，主要包括以下几个方面：

检查交易的输入是否合法：比如检查交易历史是否正确，资产是否足够等。

检查交易是否符合规则：比如检查交易格式是否正确，是否存在已花费的输出等。

检查是否付了足够的手续费：手续费越高，节点越愿意将该交易纳入区块中进行确认。

如果交易验证通过，节点会添加该交易到待确认交易池中，并等待矿工将其打包进下一个区块中。一旦该交易被成功打包进区块并达成共识，就说明该交易已被正式确认并写入区块链中，交易过程完成。

区块链交易过程用到的密码学原理与算法，包含公钥密码学、共识算法、Merkle 树以及零知识证明。

公钥密码学：在区块链中，所有参与者都有一个公钥和一个私钥，用来进行数字签名、身份验证等操作。公钥密码学原理主要包括非对称加密算法、哈希函数和数字签名等基本概念。

共识算法：目标是确保所有节点对系统状态的一致认识，并且避免出现恶意行为。

Merkle 树：是一种数据结构，它将大量的数据按照一定的方式组织起来，用于快速验证数据的完整性。在区块链中，每个区块由多个交易组成，这些交易会被组织成一个 Merkle 树结构，用来验证交易的有效性和完整性。

零知识证明：是一种保护用户隐私的机制，它允许用户在不泄露私密信息的情况下，向他人证明自己拥有特定的信息或执行了某个操作。在区块链中，零知识证明可用于保护用户身份、隐私和交易细节等方面。

下面简要介绍区块链交易用到的技术。

5.1.1　公钥密码学的基本原理

公钥密码学，也被称为非对称加密算法，是一种使用不同密钥进行信息加密和解密的密码学体系。相比于传统的对称加密算法，公钥密码学可以避免密钥交换问题，并保证数据的安全性，被广泛应用于互联网通信、电子商务、金融支付等领域。公钥密码学的基本思想是将明文通过加密算法转换为密文，然后经过传输到接收方处，通过解密算法将密文还原成明文。与对称加密算法不同，公钥加密使用的是一对密钥，其中一个是公开的公钥(Public Key)，另一个是秘密的私钥(Private Key)。公钥可告知任何人，私钥只有持有者知道。

假设用户 A 想要向用户 B 发送信息，A 需要先获取 B 的公钥，并使用公钥对信息进行加密，然后将加密后的信息发送给 B。接收方 B 则使用其私钥进行解密，还原出原来的明文。

这个过程中，由于加密和解密使用不同的密钥，因此称此类加密算法为"非对称加密算法"。此方法优于传统的对称加密算法，因为它可以避免密钥交换问题，解决了加密和解密时的安全性和管理性问题。

1. 公钥密码学的数学基础

公钥密码学是基于复杂数学难题而设计的加密系统，因此它的安全性非常依赖于数学难题。目前，在公钥密码学中被广泛使用的数学问题主要包括大质数分解问题和离散对数问题。

1) 大质数分解问题

大质数分解问题是指将一个大数分解成两个质数的乘积。例如，将一个数 1147 分解成两个质数 31 和 37 就是一个质数分解问题。尽管这个问题看起来很简单，但如果数字很大，根据目前最快的质数分解算法，分解一个 1024 位的大数，即使使用大量计算机并行处理，分解也可能需要数亿年的时间。

在公钥密码学中，RSA 算法依赖于大质数分解问题。RSA 算法的生成过程中，首先要生成一个大的、随机选取的质数 p 和 q，并计算它们的乘积 $n = pq$。接下来，根据 n 的值选择一个整数 e(通常选择 65 537)，然后计算 d，使得 $ed \bmod (p-1)(q-1) = 1$。最后，将 n 和 e 作为公钥，n 和 d 作为私钥。RSA 算法基于这样一个事实：如果 p 和 q 已知，那么找到 d 容易，如果未知则非常困难。

2) 离散对数问题

离散对数问题是指对于给定的底数 a、模数 m 和整数 b，求解 $a^x \equiv b \pmod{m}$ 中 x 的值。离散对数问题在公钥密码学中广泛应用于 ElGamal 和 Diffie-Hellman 密钥交换协议中。与大质数分解问题类似，离散对数问题也是一个非常困难的问题。当前，求解 1024 位的离散对数问题，也需要数亿年以上的时间，这使得离散对数问题成为公钥密码学的重要基础。

2. 公钥密码学的加密过程

公钥密码学的加密过程分为公钥加密和私钥解密两个部分。

1) 公钥加密

公钥加密使用对方的公钥对明文进行加密，生成密文。加密过程如下：

(1) 选择一个随机数 k，使得 $1 < k < n-1$，(n, e)是对方的公钥。

(2) 计算 $c = m^e \bmod n$，其中 m 表示明文消息。

(3) k 和 c 同时发送给接收方，并且接收方保存密文和随机数 k。

2) 私钥解密

私钥解密使用自己的私钥对密文进行解密，还原出明文。解密过程如下：

(1) 使用私钥 d 计算 k 的逆元 $k^{-1} \bmod n$。

(2) 将接收到的密文 c 乘以 $k^{-1} \bmod n$，得到明文消息 $m = (c * k^{-1}) \bmod n$。

(3) 最终还原出的 m 即为原来的明文消息。

3. 公钥密码学的应用

1) 数字签名

数字签名是一种确保数据完整性和验证发送者身份的技术。发送者使用自己的私钥对数据进行签名，接收者使用发送者的公钥对签名进行验证。如果能够验证签名，则可以确认数据未被篡改且发送者是合法的。数字签名可以在重要文件、电子邮件、软件程序等方面用于身份验证、防篡改等领域。

2) SSL/TLS 加密通信

SSL(Secure Sockets Layer)和 TLS(Transport Layer Security)是用于网络通信中的安全协议，它们使用公钥密码学构建了安全通信的基础。在 SSL/TLS 通信中，客户端和服务器端使用公钥密码学进行握手，建立加密通道，确保数据传输的安全性。

3) 数字证书

数字证书是由可信第三方机构发放的证书，用于验证电子文档、电子邮件、网站等的真实性。数字证书包含证书持有人的公钥、证书序列号、颁发者的名称、签名等信息。接收方可以使用证书颁发机构的公钥来验证证书的真实性，并确定是否可以信任证书内容。

公钥密码学作为一种密码学体系，可以满足信息加密、解密、签名和验证等多种需求，并且以其高强度的安全性得到了广泛的应用。使用公钥密码学进行安全通信可以保证信息传输的机密性、完整性和可信性，极大地提高了信息处理的便利性和效率。公钥密码学的安全性基于数学难题，因此不断更新和健全公钥密码学算法对网络安全的保护至关重要。

5.1.2 Merkle 树

Merkle 树是区块链技术中一个重要的数据结构，它被广泛应用于验证数据的完整性和有效性。作为一种哈希树，Merkle 树采用了树形结构的形式。它的叶节点存储着原始数据块的哈希值，而非叶节点则存储着其子节点的哈希值。这种层级结构使得 Merkle 树具有高效验证数据的能力。每个哈希值都是一个固定长度的字符串，它由一个加密哈希函数(如 SHA-256)生成。Merkle 树的根节点是所有数据块的哈希值，它是整个 Merkle 树的唯一标识符。

1. Merkle 树的构建过程

Merkle 树的构建过程可以概括为以下几个步骤：

(1) 将原始数据分成固定大小的块。

(2) 对每个数据块进行哈希计算，生成对应的哈希值。

(3) 如果数据块的数量是奇数，则复制最后一个数据块并进行哈希计算，生成一个偶数的数据块列表。

(4) 将数据块列表划分为两个子列表，每个子列表包含相邻的两个数据块的哈希值。

(5) 对每个子列表进行哈希计算，生成对应的父节点哈希值。

(6) 重复步骤 4 和步骤 5，直到 Merkle 树的根节点形成。

2. Merkle 树的验证过程

Merkle 树的验证过程可以概括为以下几个步骤：

(1) 从区块链中获取 Merkle 树的根节点哈希值。

(2) 从区块链中获取需要验证的数据块的哈希值。

(3) 根据需要验证的数据块的位置，从根节点开始向下遍历 Merkle 树，计算每个子节点的哈希值，直到找到需要验证的数据块的哈希值的叶节点。

(4) 将找到的数据块的哈希值与从区块链中获取的数据块的哈希值进行比较。如果相同，则验证通过，否则验证失败。

5.1.3 共识算法

共识算法是区块链中最基本、最关键的问题之一。它涉及区块链系统的稳定性、安全性以及交易速度等方面。在分布式系统中，没有中心化机构的存在，每个节点都必须达成共识才能保证整个系统的正常运转。为此，共识算法的目标是确保所有节点对系统状态的一致认识，并且避免出现恶意行为。

在区块链中，共识算法是解决双重支付问题的核心。由于区块链中没有中心化的机构来确认交易，因此需要一个共识算法来协调各个节点的利益，以达成一致意见。为了实现这一目标，共识算法通常基于某些前提假设，如网络最大延迟时间和最大失效节点数等。基于这些前提条件，共识算法需要达成协议来决定哪些交易是有效的，并将它们放置在区块中。

下面介绍一些主流的共识算法及其工作原理、优点和缺点，包括工作量证明、权益证明和拜占庭容错。

1. 工作量证明

1) 概述

工作量证明是一种计算机科学中的算法，用于协调分布式系统的状态转换。它最初被应用于电子邮件反垃圾邮件系统和网络安全，随后被比特币等数字货币使用。工作量证明最早由美国计算机科学家 Cynthia Dwork 和 Moni Naor 在 1993 年提出，在论文《基于定价处理或对抗垃圾邮件》（"Pricing via Processing or Combatting Junk Mail"）中详细阐述了该算法的原理。在这篇论文中，Dwork 和 Naor 提出了一种"疲劳测试"的概念以验证计算机的工作量是否达到了一定的标准。这套流程与现在的工作量证明机制非常相似：通过让计算机解决数学问题来确保计算机的工作量达到一个最低标准。比特币是第一个使用工作量证明算法的数字货币。在比特币系统中，挖矿的过程就是使用算力去寻找符合特定要求的哈希值。如果一个节点能够找到这样的哈希值，它将获得数字货币作为奖励。此后，工作量证明算法开始在其他领域不断被应用，如以太坊、门罗币、莱特币等数字货币，以及一些区块链应用程序，如分布式存储系统 IPFS 等。工作量证明是比特币中最早使用的共识算法，它利用难以计算但容易验证的哈希计算，协调所有节点为新区块寻找符合共同规则的 Nonce 值。工作量证明需要计算复杂的哈希函数，以找到一个符合条件的 Nonce 值。只有找到一个满足规则的 Nonce 值的矿工才能创建新区块并获得奖励。区块链网络会预先定义一个特定的问题，并要求各个节点去解决这个问题。这个问题通常由哈希函数产生，而哈希函数又是一种非常快速但难以反向计算的函数。例如，在比特币算法中，哈希函数使用 SHA-256 算法，对于给定的输入数据，它能够快速地生成一个固定长度的哈希值。因此，比特币算法的工作量证明问题就是找到一个符合一定条件的哈希值。比特币采用了 SHA-256 哈希算法，它具有以下特点：

(1) 哈希函数应该是一个单向函数，即从结果无法反推出输入。

(2) 相同的输入始终产生相同的输出，即哈希函数是确定性的。

(3) 即使输入略微改变，输出也会有很大变化，这就可以避免碰撞。

(4) 哈希函数是均匀的，即输出值的每一个位上都是等概率的 0 或 1。

2) 算法的工作原理

(1) 矿工收集交易：交易池是矿工开始挖掘新区块之前的第一步，矿工需要将网络中的未确认交易全部收集起来，包括自己发出的以及其他矿工发出的。

(2) 矿工打包交易：当矿工收集了足够多的交易之后，它们开始准备将这些交易打包到一个新区块中。这个新区块不仅包含了所有的交易数据，而且还包含了其他元数据，如难度目标值、区块头和时间戳等信息。

(3) 矿工进行挖矿：在比特币中，挖矿是一种通过对区块头进行无限次哈希计算来尝试寻找满足难度目标值的过程。矿工会使用自己的计算机进行这个计算过程，不断进行哈希运算，直到找到一个符合要求的哈希值。这个过程需要大量的计算资源和耗费大量的能源。一旦一个节点找到了符合条件的哈希值，该节点会将这个区块广播给其他网络节点进行确认。其他节点会对该区块进行验证，如果验证通过，则将其加入自己的本地区块链中，并继续参与下一个区块的挖掘。每个新的区块都必须依序链接到前一个区块，形成一个区块链。如果其他节点也能够通过运行哈希函数来验证该哈希值，那么这个节点就能够将新的块添加到区块链中，并获得对应的奖励(通常是数字货币)。区块链中的每个区块包含一定数量的交易记录以及其他重要信息。这些交易记录被广泛地分散在网络中的节点上，其中任何一个节点都可以产生一个新的区块并将其添加到链上。在区块链中，新的区块是由一组前一区块的哈希值、交易记录、时间戳和其他元数据组成的。哈希值是一种数据结构，可以将一组数据压缩成一个固定长度的内容摘要，并且是一个唯一标识符。当一个新的交易被放入区块链网络中时，所有的节点都需要对其进行验证，最终生成一个包含所有交易记录的区块。矿工需要找到一个 Nonce 值，使得对于该区块的所有数据，经过 SHA-256 计算后得到的哈希值小于难度目标值。难度目标值是一个数值，它代表整个网络上矿工所需要的计算量。矿工的计算量越大，就越有可能找到符合条件的 Nonce 值。如果矿工找到了符合条件的 Nonce 值，则可以创建新区块，并将这个新区块广播到整个网络中。其他节点在接收到新区块后，会先进行各种验证以确保这个区块是有效的，然后才将其添加到自己的区块链中。

3) 算法的优点

(1) 安全性高：工作量证明需要大量计算才能找出符合条件的 Nonce 值，这几乎排除了任何恶意节点的干扰。

(2) 抗 ASIC 设备攻击：工作量证明可以通过增加复杂度来防止那些特殊硬件设备(如 ASIC)的攻击。

4) 算法的缺点

(1) 高能耗：工作量证明需要大量计算，因此会消耗大量的能源和算力。

(2) 中心化：在比特币网络中，矿池已经成为一个巨大的组织，这意味着少数矿池可以控制网络的大部分算力，可能导致网络的中心化。工作量证明的基本原理是：只有解决了一个特定的难题，才能创建和添加新的块到区块链中。这个过程需要消耗大量的时间和计算资源，因此被称为"挖矿"。任何人都可以参与挖矿，但只有第一个成功解决难题的人，才能获得奖励(通常是数字货币)。这个奖励的设立，激励了很多人参与到挖矿中，使得区块链保持了不断增长且高度安全的状态。

2. 权益证明

权益证明是一种区块链共识算法，与工作量证明不同，它不需要通过计算复杂的哈希函数来解决共识问题，而是基于参与者代币数量来决定谁获得验证区块和获得区块奖励的权利。

1) 权益证明的工作原理

参与者在区块链上拥有一定数量的代币，并将这些代币用作抵押品来参与权益证明。

根据抵押的代币数量，计算参与者的权益，权益越大，获得验证权的概率就越大。

选出一个权益证明随机数，即随机选出一个参与者作为验证者，他将验证当前区块的合法性并尝试生成新的区块。

验证者获得验证奖励并将新区块添加到区块链中。如果多个验证者提供了不同的新区块，则其他节点将选择其中一个区块添加到区块链中。

参与者的代币将在规定的时间内解除抵押，如果参与者违反了区块链规则，则有可能会失去他们的代币。

2) 权益证明的实现原理

权益证明的实现需要解决以下问题。

(1) 如何计算权益。

在权益证明中，权益是根据参与者抵押的代币数量来计算的。在比特币中，矿工获得生成新区块的权利取决于他们算力的大小，而在权益证明中，权利与参与者拥有的代币数量相关。

(2) 如何选出验证者。

在权益证明中，选出验证者需要一个随机选择机制。这个机制必须高效且具有安全性，以避免作弊行为的发生。目前，有两种主要的随机选择机制：经济随机性(Economic Randomness)和加密随机性(Cryptographic Randomness)。

(3) 如何实现随机性。

在权益证明中，实现随机性需要一个随机数生成器。该生成器必须满足以下条件：

① 公平性：每个节点都有相等的机会被选为验证者。

② 不可预测性：节点无法预测哪个节点会被选中。通常使用的随机性生成器有 VRF(Verifiable Random Function)和 RANDAO(Random Number Distributed Autonomous Organization)。

(4) 如何确定验证奖励。

在权益证明中，验证奖励由以下几个方面的因素决定：

① 交易费用：与工作量证明相同，权益证明中的交易费是用来鼓励验证者加入网络并通过收取手续费获取收益。

② 区块奖励：出块的验证者会获得新发行的数字货币奖励。这些奖励一般会随时间逐渐缩减。

(5) 如何处理不良行为。

在权益证明中，一些恶意节点可能会试图攻击网络，以获得非法利益。因此，必须采取措施来保护网络安全。其常用的措施包括：

① 委员会机制：选出一个委员会负责验证区块，每个委员会成员都需要抵押代币，并且在违规时会受到处罚。

② Slashing(罚没)机制：用于惩罚那些不遵守规则的验证者，如提交错误的区块或试图进行双重花费等行为。

3) 权益证明的优缺点

权益证明相对于工作量证明具有以下优缺点：

(1) 优点。

① 高效性：相比工作量证明，权益证明不需要大量计算来解决共识问题，因此处理速度更快，能够更快地完成交易。

② 节省能源和算力：由于权益证明不需要大量计算，因此消耗的能源和算力更少，不需要特殊硬件的支持，降低了挖矿门槛。

③ 去中心化：权益证明网络具有更高的去中心化程度，因为没有大量的矿池，每个参与者都可以通过抵押代币来获得验证权。

(2) 缺点。

① 存在富豪效应：参与者拥有的代币越多，获得验证权的概率就越高，这意味着富人有更大的影响力，可能导致网络出现一种"富者恒富"的现象。

② 安全性弱：相比工作量证明，权益证明的安全性可能会更弱，因为攻击者只需掌握网络中一定比例的代币就可以控制整个网络。

③ 历史积累：权益证明网络的安全性需要一段时间的历史积累，因为攻击者需要掌握大量的代币才能发动攻击，而这需要一定的时间来积累。

权益证明是一种重要的共识算法，它提供了一种比工作量证明更加高效、节能和去中心化的解决方案。虽然权益证明仍存在一些缺点，但研究人员正在不断探索新的优化方法来改善它的安全性和稳定性。在未来，我们可以期望看到更多的区块链系统采用权益证明算法，以满足不同需求的应用场景。

3. 拜占庭容错

拜占庭容错(Byzantine Fault Tolerance, BFT)是一种分布式系统算法,通过冗余和多数派决策来实现容错性。它旨在保证分布式系统的正确性，并能够应对节点故障或恶意攻击，确保系统的功能性不受影响。下面我们将详细介绍拜占庭容错算法的原理、实现方式以及应用场景等相关内容。

1) 算法的原理

拜占庭容错的概念最初源自一个著名的问题——拜占庭将军问题。这个问题描述了一个由多位将军组成的拜占庭军队，他们在没有中央指挥官的情况下需要共同达成决策。然而，由于可能存在叛徒，且叛徒可能发布虚假消息或故意对抗真实信息，因此需要设计一种算法来确保决策的正确性。拜占庭容错算法的目标是在无法确定参与者状态或行为的情况下，确保系统仍能正常运行。其基本原理是：

发送者可靠性检测：每个节点负责检查其他节点发送的信息是否正确，并根据约定的规则来判断信息是否可信。如果该节点认为某个消息不可信，则可以将其丢弃或标记为不可靠。

多数派决策：为了避免单点故障或恶意行为导致系统崩溃，拜占庭容错算法使用多数派决策来处理消息。只有当大多数节点发送的消息是一致的时，才会被视为有效的决策。拜占庭容错算法通常根据投票和共识程度等因素来确定消息的可信度和多数派决策。

2) 实现方式

拜占庭容错的实现方式有多种，下面介绍两种常见的方式。

(1) PBFT 算法。

PBFT(Practical Byzantine Fault Tolerance)是一种基于拜占庭将军问题的容错算法，通过多数派决策来确保系统安全和正确性。PBFT 算法主要分为四个阶段：

① 客户端请求阶段：客户端向备份节点发出请求。

② 预准备阶段：备份节点检查请求消息是否正确，并广播预准备消息给其他备份节点。

③ 准备阶段：备份节点收到了超过两个预准备消息，会开始广播准备消息。如果数量满足 $2f+1$，即超过总节点数量的三分之二，则进入第四个阶段。

④ 提交阶段：备份节点收到了超过 $2f+1$ 个准备消息后，就可以开始提交结果了。

(2) BFT-SMaRt 算法。

BFT-SMaRt 算法是一种高效、可扩展、容错性好的拜占庭容错算法。它主要通过使用签名来验证消息的完整性和真实性。BFT-SMaRt 算法采用了以下两种机制来确保容错性。

状态复制机(State Replication Machine)：用于保证节点状态一致。

客户端请求处理机(Client Request Processing Machine)：用于处理客户端请求并返回正确的结果。BFT-SMaRt 算法在执行过程中，首先会将消息进行签名和更新，并通过多数派决策来确定最终的结果。

3) 应用场景

拜占庭容错算法适用于所有需要保证容错性和可靠性的分布式系统，特别是在需要处理大量数据和高并发操作的场景中。例如，电子商务、公共交通、金融交易、医疗保健等行业都需要拜占庭容错算法来保证系统的稳定性和正确性。BFT 是一种保证分布式系统容错性和可靠性的重要算法，其工作原理和实现方式不仅能够提高系统的安全性和稳定性，而且可以在大数据时代对于分布式系统的发展提供重要的保障。在未来，我们可以期待看到更多的系统和应用采用这种算法，以满足不同场景下的分布式系统需求。

5.1.4 零知识证明

零知识证明(Zero-Knowledge Proof)是一种密码学机制，其核心思想是可以在不泄露信息的情况下进行验证。也就是说，证明人可以向验证人证明其拥有某项属性或知道某条信息，但是并不需要透露这些信息本身。因此，零知识证明被称为是一种非常安全的验证机制。零知识证明是区块链技术中的一个重要安全机制。在区块链上使用零知识证明可以实现身份验证、隐私保护和交易保密等功能。

对于如何证明自己知道某个密码而又不直接泄露密码本身的情况，零知识证明技术可以提供一种解决方案。零知识证明是一种密码学技术，它允许一个实体(称为证明者)向另一个实体(称为验证者)证明自己拥有某种信息，而不需要将具体的信息内容透露给验证者。

1. 基本原理

零知识证明是基于密码学的数学算法实现的，其基本原理包括三部分：证明、验证和安全性。

(1) 证明：证明者需要证明自己已经掌握了某个特定的秘密，但是不能直接将这个秘密展示给验证者。在实际操作中，证明者需要将其知识转化为一组数学算法，并通过这些算法计算出一些公共参数，然后向验证者提供这些公共参数以及一份证明文档。

(2) 验证：验证者需要验证证明者提供的证明文档是否真实有效。验证者可以使用公共参数和自己的秘密来重新计算证明文档中的一些值，并将其与证明者提供的值进行比对。如果两者一致，则说明证明者拥有相应的知识。

(3) 安全性：零知识证明机制的安全性主要源于两点。一是零知识证明不会泄露任何关于证明者知识的信息，因此证明者的隐私得到了保护。二是验证者无法通过证明文档推断出证明者的具体知识，因此证明者的安全性也得到了保障。

2. 应用场景

在区块链技术中，零知识证明被广泛应用于身份验证、隐私保护和交易保密等方面。

(1) 身份验证：在区块链中，用户可以使用零知识证明来验证其身份而不必泄露任何个人信息。例如，当用户需要在某个平台上进行实名认证时，可以通过使用零知识证明技术，向该平台证明其已满 18 岁，而无须向平台提供具体的年龄和身份信息。

(2) 隐私保护：在区块链中，零知识证明可以用于保护用户的隐私。例如，在交易过程中，用户可以通过使用零知识证明技术，向交易对手证明自己拥有足够的资产来完成交易，而无须透露自己具体的资产数量和持有方式。

(3) 交易保密：在区块链中，零知识证明可以用于保护交易的机密性。例如，在进行跨链交易时，可以使用零知识证明技术将交易细节加密，并将加密后的信息发送给其他链，以确保交易信息不会被其他人窃取或篡改。

5.2 区块链数据的传播

5.2.1 区块链交易的传播过程

发送交易：交易发起人将交易信息签名后发送到网络上。

交易验证：其他节点在接收到交易后，会对其进行验证，包括检查交易的输入和输出是否合法、是否符合规则以及是否付足够的手续费等，如果交易验证不通过，则该交易将被拒绝。

广播交易：如果交易验证通过，节点会将交易向自己所连接的其他节点进行广播，这些节点也会对交易进行验证后再向其他节点广播。

进入待确认交易池：交易在网络中被广泛传播后，会进入待确认交易池中等待矿工打包和确认。

确认交易：一旦交易被矿工打包进区块，并达到了区块链的共识，该交易就会被正式确认，并写入区块链中。

在区块链中，交易的传播是通过节点之间的点对点广播实现的，该传播方式保证了交易在网络中得到广泛传播和验证，从而确保了交易的安全性和可靠性。区块链技术的核心是分布式账本，因此数据传播对于区块链来说非常重要。在传统中心化系统中，数据传输一般采用客户端—服务器模型，即客户端向服务器发送请求，服务器返回响应。而在区块链中，由于没有中心化服务器，因此需要使用点对点网络模型进行数据传播。在区块链中，每个节点都是对整个分布式账本的一个完整副本，节点包括矿工节点、全节点、轻节点等。其中，矿工节点负责挖矿和打包交易；全节点负责存储整个区块链账本的完整副本；轻节点只存储特定的区块链数据以便于查询。所有的节点通过点对点网络连接起来，可以互相通信和传输数据。

5.2.2 节点之间的连接

在区块链网络中，节点之间需要建立 TCP/IP 连接才能互相通信。当新节点加入区块链网络时，它需要主动向其他节点发起连接请求。一旦请求被接受，该节点就可以顺利地加入网络中。在区块链中，节点之间建立连接的过程是交易传播的基础。节点是指运行在区块链网络上的计算机，它们共同构成了一个去中心化的系统。每个节点都可以作为数据传输和存储的终端，而节点之间建立的连接则用于传递数据和交流信息。因此，节点之间的连接是实现数据传输和信息交流的关键。本文将详细介绍节点之间建立连接的过程，以及在区块链交易传播过程中节点之间连接的重要性。

1. 基本概念

在区块链网络中，每个节点都具有以下几个基本概念：

IP 地址：每个节点都拥有一个唯一的 IP 地址，它用于标识该节点在网络中的位置。

端口号：节点根据其所使用的服务，会打开不同的端口号。例如，比特币节点通常使用 8333 端口号。

版本号：每个节点都具有一个软件版本号，用于标识其所使用的区块链软件的版本和功能特性。

邻居节点：节点之间可以相互连接，形成邻居节点。邻居节点通常用于交换数据并完成共识过程。

2. 节点之间连接的过程

节点之间连接的过程通常分为三个步骤：握手、版本协商和连接确认。下面分别介绍这三个步骤的实现过程。

1) 握手

握手是节点之间连接的第一个步骤，它用于建立起连接并互相认识。在握手过程中，通常会完成以下几个任务：

(1) 验证版本号：节点之间首先会交换彼此的版本号，以确保它们所使用的区块链软件版本相同或兼容。如果版本不匹配，则会拒绝连接请求。

(2) 交换节点信息：节点之间会交换自己的 IP 地址和端口号信息，并向对方发送一些基本的系统信息，如当前的区块高度等。

（3）交换邻居节点信息：在握手过程中，节点还会向对方发送自己的邻居节点列表，并接收对方的邻居节点列表。这样，就能够建立更多的连接，并形成更加紧密的网络。

（4）认证密钥：有些区块链网络还要求节点之间进行身份认证，以确保数据传输的安全性。在这种情况下，节点之间可以通过证书或预共享密钥等方式进行身份验证。

2）版本协商

在握手成功后，节点之间会开始进行版本协商，以确定彼此所支持的功能和特性。版本协商的过程通常分为以下几个步骤：

（1）发送 Version 消息：一旦握手成功，节点之间会互相交换 Version 消息，以确定对方所支持的功能和特性。

（2）收到 Version 消息：接收方会检查发送方的 Version 消息中所包含的协议版本、服务端口、时间戳等信息，并选择是否继续连接。

（3）向对方发送 Verack 消息：如果版本协商成功，则会向对方发送一个 Verack 消息，表示已经确认连接。

（4）收到 Verack 消息：接收方收到 Verack 消息后，也会向对方发送 Verack 消息确认连接。

3）连接确认

节点之间会进行连接确认，以确保连接的稳定性。连接确认过程通常包括以下几个步骤：

（1）发送 Ping 请求消息：一旦连接建立成功，节点之间会周期性地向对方发送 Ping 消息，以测试连接的质量和稳定性。

（2）收到 Pong 响应消息：如果对方收到 Ping 请求消息，就会向对方返回一个 Pong 响应消息，以表明连接正常。

（3）发送 Getaddr 消息：节点还可以向对方发送 Getaddr 消息，以获取更多的邻居节点信息，扩展自己的节点网络。

（4）收到 Addr 消息：如果对方收到 Getaddr 消息，就会向对方返回一个 Addr 消息，其中包含更多的邻居节点信息。

在区块链中，节点之间建立连接是实现交易传播过程的重要步骤。在连接的过程中，节点需要完成握手、版本协商和连接确认等步骤，以确保交易数据能够传递和同步，并最终形成完整的区块链网络。

5.2.3　数据同步

在区块链中，每个节点都需要存储整个账本的完整副本以保证整个网络的安全性和一致性。当一个新的区块被广播到整个区块链网络时，矿工节点会竞争打包该区块。一旦有矿工节点成功打包了新的区块，它会将其广播给其他矿工节点和全节点。其他节点首先会进行验证，只有在验证通过后才会将新区块添加到自己的账本中。这样就能保证整个网络中数据的一致性和正确性。

如果某个节点与其他节点存在数据不一致的情况，那么它会从其他节点同步最新的数据以保证自己的副本与整个网络的一致性。通过广播和同步机制，整个区块链网络可以及时更新所有节点的账本副本，保持整个系统的一致性和可靠性。

5.2.4　数据交换

在区块链网络中，节点之间不仅需要传递新的区块，还需要传递交易、状态更新和其他信息。每个节点都会将自己拥有的交易和状态更新广播给其他节点，其他节点会根据需要来获取这些信息。如果一个节点发现自己没有某个区块或交易的信息，那么它会向其他节点发出请求，获取所需的数据。

5.2.5　快速同步

在区块链刚开始运行时，节点本地没有存储整个账本的完整副本，而且其他节点也可能已经存储了大量的历史数据。此时，如果使用完整同步(Full Sync)的方式来同步数据，将会非常耗时和耗费带宽。因此，区块链技术引入了一种称为快速同步(Fast Sync)的方式来加速数据同步。快速同步的实现原理是让新节点只下载历史中最重要的几个块，而不是下载整个历史数据。当新节点与网络中的其他节点建立连接后，它会查询其他节点持有的块头信息，以确定最新的公共区块高度。然后，新节点会下载从该高度开始的几个块的完整副本，并验证这些块的完整性。下载完成后，新节点就可以开始参与挖矿和交易。

5.2.6   负载均衡

在大规模区块链网络中，当某个节点需要向其他节点发送请求时，可能会存在多个节点可以提供服务的情况。为了避免某些节点被过度请求，需要对请求进行负载均衡，即将请求分配到多个节点上轮流处理。负载均衡的实现可以通过算法来实现，如 Round Robin(轮询算法)、Least Connections(最小连接数算法)、IP Hash(IP 哈希算法)等。

在区块链网络中，所有节点都需要接收和广播新的交易信息。这就意味着当一个节点发出了一个新的交易请求时，它需要将该请求广播到网络中的所有其他节点。

其他节点接收到交易后会进行验证，以确保该交易的有效性和合法性。验证的过程可能包括检查交易的数字签名、检查发送者的账户余额等。如果交易成功通过验证，节点将把该交易添加到自己的内存池(也称为交易池)中。内存池是一个临时存储交易的地方，等待矿工节点将其打包到新的区块中。一旦某个矿工节点成功生成了一个新的区块，并将其广播到网络中，该区块中包含的所有交易都会被标记为已完成，并从各个节点的内存池中删除。

通过这种方式，交易信息能够在整个区块链网络中得到传播和验证，从而实现交易的安全性和一致性。每个节点都有自己的内存池，但最终所有节点上的区块链数据是一致的。

5.3   区块链数据的验证

5.3.1   验证流程

对于在区块链上发生的交易，要通过一系列的验证才能被确认并写入区块链中。通常情况下，交易验证主要包含以下几个方面：

检查交易输入是否合法：这是交易验证的第一步。节点会检查交易输入是否足够且来自有效来源。例如，区块链中的交易输入通常表示之前的交易输出，因此节点需要检查该交易输出是否真实存在于交易历史记录中，并且没有被之前的交易所使用。

检查交易是否符合规则：节点需要进一步检查交易是否符合区块链协议的规则和标准

格式，以确保交易数据的完整性和正确性。例如，数字签名是否匹配、交易的格式以及地址格式是否正确等。

检查交易手续费是否足够：区块链中的交易需要支付手续费作为矿工的激励，因此节点需要检查交易手续费是否足够高。如果手续费不够高，交易可能不会被优先打包进区块中。

检查交易是否遵守规定：由于区块链技术的特殊性质，如智能合约和隐私保护等，节点需要检查交易是否符合相应的规定，以确保交易的正确性和安全性。

如果所有验证都通过，该交易就会被添加到待确认交易池中，等待矿工打包进区块中。一旦该交易被成功打包进区块并达成共识，就说明该交易已被正式确认并写入区块链中。交易验证过程可以保证区块链网络中的交易的安全性和有效性。

区块链技术的出现使得人们能够在去中心化、安全、透明的环境中进行数字资产交换。区块链上的每笔交易都必须经过验证才能够被认可和确认，并最终添加到区块链上。

5.3.2　数据结构

在区块链上，交易是指一方向另一方转移数字货币或其他数字资产的过程。交易可以由人工发起，也可以由智能合约自动发起。无论交易是由人工发起还是由智能合约发起，都必须遵循一定的规则和标准，以确保交易的正确性和可信度。

交易的基本构成部分包括输入、输出、交易费用和签名。其中，输入指的是之前交易的输出；而输出则表示新交易的接收地址、金额和其他相关信息。此外，交易费用是支付给矿工的手续费，而签名则用来验证交易的真实性和唯一性。

在区块链中，交易的验证是通过去中心化和点对点网络来实现的。该网络中的每个参与者都享有相同的权利和义务，可以根据自己的需求进行交易。当一笔新交易产生时，它需要被广播到整个区块链网络中，以便其他节点进行验证和确认。

5.3.3　交易验证

交易验证分为两个主要阶段：先验证交易的合法性，再验证交易的可信度。交易合法性验证包括比特币脚本(Bitcoin Script)语法的验证、UTXO 池的查找和确认。如果交易合法性验证失败，则该交易会被视为无效并且不会被纳入区块链账本中。交易可信度验证包括交易手续费的确认和双重支付的检测。如果交易通过了这两个阶段的验证，那么它就被认为是有效的，并且可以广播到整个网络中。

1. 交易合法性验证

交易合法性验证是指确保交易的结构与交易的输入和输出满足系统定义的规则和标准。以下是交易合法性验证的几种常见方法：

(1) 比特币脚本语法验证。比特币脚本语法验证确保交易的输入和输出满足比特币脚本的代码要求。比特币脚本是一种用于编写智能合约的编程语言，它使得用户通过定义规则来限制谁可以花费他们的比特币。比特币脚本验证是比特币交易进行合法性验证的重要环节。

(2) UTXO 池查找和确认。UTXO 池指的是尚未被用完的交易输出。在新交易中，输入必须引用之前交易的未用输出，即 UTXO 池中的未用交易输出。如果某笔交易的输入引用了非法的 UTXO，那么整个交易将被视为无效。

(3) 数字签名验证。数字签名技术用于验证交易是由正确的发送方发出的。每笔交易都需要发送方的签名以及公钥来验证其身份。数字签名技术也可用于验证其他方面的信息，如交易是否被篡改。

2. 交易状态

每笔交易都必须经过验证才能够被认可和确认，并最终添加到区块链上。交易可能的状态有未广播、已广播、已确认、无效几种状态。

未广播：当用户发起一笔交易时，它的状态是"未广播"。此时，交易只在用户的钱包中可见。

已广播：当一笔交易被广播到网络中时，其状态被改为"已广播"。此时，交易已经可以被其他节点接收并进行验证。

已确认：当一笔交易通过验证且被矿工添加到新区块中时，交易的状态被改为"已确认"。这意味着该笔交易已经成功地加入区块链账本中，并且已经完成了交易过程。

无效：如果一笔交易未通过合法性验证或不符合可信度验证标准，则交易状态被标记为"无效"。这意味着该笔交易不会被纳入网络中，并且不会被确认。

3. 交易可信度验证

交易可信度验证是指基于交易的手续费大小和双重支付检测来确定交易是否可信。以下是交易可信度验证的常见方法：

(1) 确认交易手续费。每笔交易都需要支付一定的手续费用，这些手续费最终会支付给处理交易的矿工。为了确保交易正常地进行，交易手续费应该足够大，以便它可以被矿工快速地验证和处理。

(2) 双重支付检测。交易确认过程中必须避免出现双重支付的情况。如果一个发送方试图多次使用同一笔资金进行支付，那么这个交易将被视为双重支付。双重支付可能会对区块链网络造成负面影响，因此交易的可信度验证至关重要。

在区块链网络中，节点需要对新的交易和区块进行验证，以确保其合法性和一致性。交易验证的过程包括检查发送者账户余额是否充足以及交易是否被重复提交等。在验证通过后，该交易被放入内存池中等待打包到新的区块中。区块的验证机制通常是基于共识算法的。共识算法保证所有节点对于区块链中的每个区块都达成相同的共识，并防止恶意节点篡改区块数据。在区块链中，交易的验证是通过去中心化和点对点网络来实现的。交易验证分为传统验证和区块链验证两个环节。传统验证需要依赖第三方机构或中介来提供服务，如支付宝和银行等，在安全、透明和去中心化的环境下，区块链交易验证可以有效解决双重支付问题和信任问题，确保交易的正确性和可信度。

5.4 区块链区块的产生

区块链中的区块是通过挖矿过程产生的。具体来说，区块链中的矿工需要解决一个复杂的数学难题，以验证区块中的交易并创建新的区块，这个过程称为挖矿。

当一个矿工完成了一个区块的挖掘任务后，它会将该区块广播到整个区块链网络上。其他节点会对该区块进行验证，并将其添加到自身的区块链数据库中。在完成验证后，这些节点也会将该区块广播给它们的邻居节点。这个过程会持续进行，直到所有节点都同意接受该区块。然后，这些节点会将该区块打包成区块链上的一个新的区块，并将其添加到区块链的末端，从而完成了一个新的区块的产生过程。该区块内包含了已经完成的交易以及其他相关信息，同时也保证了该区块的有效性和一致性。因此，矿工的挖掘行为不仅产生了新的区块，也会推动整个区块链网络的运行。

5.4.1　区块的结构

在区块链中，一个区块包含了多个交易记录和其他元数据，如区块头和时间戳等。每个区块的结构可以在协议中定义，并且必须是固定的。从区块头中可以提取出相关信息，如前一个区块的哈希值、交易的数量和时间戳等。区块的结构通常包括以下几个部分：

(1) 版本号：表示该区块链符合的规范版本。

(2) 前区块的哈希值：表示该区块链前一区块的哈希值。

(3) Merkle 树根哈希值：表示该区块内所有交易记录的哈希值，这个哈希值通过对所有交易数据与哈希函数进行多次哈希计算得到。

(4) 时间戳：表示此时此刻的时间，精确到秒。

(5) 难度目标值：难度目标值决定了本区块所需的工作量。比特币采用的是 SHA-256 哈希算法，验证过程需要寻找一个哈希值小于难度目标值的 Nonce 值。

(6) Nonce 值：是一个随机数，用于实现工作量证明。

5.4.2　区块的产生流程

区块的产生是一个复杂的过程，它涉及节点之间的通信、验证和计算等多个环节。

(1) 交易池。区块的产生始于交易的发起。每个节点都会收到广播的交易请求，并将其记录在自己的交易池中。在交易池中，每个交易都等待着被矿工或其他验证者选中并添加到新区块中，矿工需要验证新的交易并将其添加到待确认交易池中。

(2) 打包交易。当节点收集足够多的交易后，它们就会开始准备将这些交易打包到一个新区块中。这个新区块不仅包含了所有的交易数据，而且还包含了其他元数据，如难度目标值、区块头和时间戳等信息。

(3) 共识算法。共识算法使得新区块能够被其他节点接受并加入区块链中。共识算法是一种机制，它通过协调各个节点的利益以达成一致意见。共识算法旨在保持区块链的稳定性和安全性，同时避免出现恶意行为。以工作量证明算法为例，矿工需要通过计算公式来寻找符合难度要求的答案，并将其添加到区块头中。

(4) 挖矿。工作量证明是一种通过计算难题来解决共识问题的机制。在区块链应用如比特币中，挖矿就是一种通过对区块头进行无限次 SHA-256 哈希计算来尝试寻找满足难度目标值条件的 Nonce 值的过程。矿工是参与挖矿的人，他们通过计算来解决问题并获得奖励。当一个矿工成功地计算出一个符合条件的 Nonce 值之后，也就意味着新的区块产生了。

(5) 验证和加入区块链。矿工广播这个新区块到整个网络中，其他节点会对该区块进行验证、接受和添加到自己的区块链数据库中，从而完成了新区块的产生过程。每个区块都包含了前一个区块的哈希值，因此区块链技术可以有效地防止篡改和伪造，保证了区块链数据的安全性。在区块链中，所有交易数据都被记录在一个个区块中。这些区块按顺序链接起来，形成一个不断增长的区块链。每个区块包含一些交易和其他元数据，如区块头和时间戳等。新区块的产生需要经过一定的验证和计算过程，其中包括工作量证明或权益证明等。在区块链中，当一个节点解决了一个数学难题时，它就可以打包一个新的区块并将其添加到链的尾部。该数学难题需要矿工通过不断地改变区块头的哈希值来求解，直到满足一个特定的难度级别。一旦节点成功地解决了这个数学难题，它就会收到一定数量的比特币作为奖励。

5.5 区块链区块的验证

区块是区块链中的基本单位，是由多个交易记录组成的数据块。在区块链网络中，每个节点都会对新创建的区块进行验证，以确保该区块是合法的，可以被添加到区块链中。区块的验证主要包括以下几个方面：

(1) 时间戳验证：每个区块必须有一个正确的时间戳，表示该区块产生的时间，并且该时间戳必须早于当前时间。

(2) 难度验证：每个区块都必须满足区块链协议规定的难度值，即区块头的哈希值必须小于系统设定的目标值。

(3) 交易验证：每个区块上的所有交易都必须是合法的，即交易的输入和输出必须符合系统规则，并且交易的签名必须是有效的。

(4) 区块头验证：每个区块的头部信息必须无误，包括版本号、前一区块的哈希值、Merkle 树根以及时间戳等。

(5) 长度验证：每个区块的长度必须符合系统规定，不能超出最大限制。同时，区块头中的交易数量也必须与区块中实际的交易数量相同。

(6) 重复验证：每个区块不能被重复添加到区块链中，即同一个区块不能在不同的节点上被多次添加。

5.5.1　交易验证

交易是区块链中的另一个基本单位，它表示两个或多个用户之间的资产转移或信息传递。在区块链网络中，每个交易都需要被验证，以确保交易的合法性和有效性。交易的验证主要包括以下几个方面：

(1) 签名验证：每个交易都必须由其发送者进行数字签名，并且必须使用私钥进行加密。接收者可以使用发送者的公钥来验证签名的正确性。

(2) 输入验证：每个交易的输入必须是合法的，即该输入必须是由前一个交易的输出生成的，并且输入中的资产不能超过该输出中实际的资产数量。

(3) 输出验证：每个交易的输出必须合法，即输出中的资产数量必须大于 0，同时接收者的地址也必须合法。

(4) 双重支付验证：要确保每个交易只能被转账一次，以防止双重支付的问题。因此，每个交易必须确保它所使用的输入在之前没有被使用过。

(5) 交易费用验证：每个交易都需要支付一定的交易费用，以确保它能够被网络中的节点优先确认和处理。如果交易费用过低，则该交易可能会等待很长时间才能被确认。

5.5.2　区块结构

每个区块通常由两部分组成：区块头(Block Header)和区块体(Block Body)。

区块头是一个固定长度的数据结构，它包含了前一个区块的哈希值、当前区块的哈希值、时间戳、难度目标值以及随机数等信息。每个区块头的长度是固定的，通常为 80 个字节。

区块体则包含了多个交易记录，每个交易记录都有一个唯一的交易哈希值，它们被组合成一个 Merkle 树结构。Merkle 树结构可以有效地压缩交易记录，并且可以方便地验证每个交易的正确性。

5.5.3　哈希值计算

区块头中的哈希值是由整个区块的信息计算出来的，这种哈希值计算方法被称为

SHA-256。SHA-256 是一种密码学哈希函数，它可以将任意长度的数据(比如区块头或交易记录)转换为固定长度的哈希值，通常为 256 位。SHA-256 的计算过程可以简单概括为以下几步：

(1) 对待哈希的数据进行补位，使其长度满足要求。

(2) 将补位后的数据分成若干个 512 位的消息块，每个消息块经过哈希运算得到一个 256 位的中间结果。

(3) 将所有中间结果按照顺序组合，并在最终组合结果上进行一次最后的哈希运算，得到最终的哈希值。

计算区块头的哈希值时，首先将区块头中的信息按照特定的顺序组合起来，并使用 SHA-256 计算出区块头的哈希值。这个过程非常简单，只需要按照区块头中特定的顺序将各个字段连接起来即可。例如，比特币的区块头结构如图 5.1 所示。

图 5.1　比特币的区块头结构

图 5.1 中，PrevBlockHash 表示当前区块之前的一个块头的哈希值，MerkleRoot 则表示当前区块包含的所有交易记录的 Merkle 根的哈希值。计算区块头的哈希值需要将这些字段按照特定的顺序连接起来，并进行 SHA-256 哈希运算。

5.5.4　区块验证

一旦计算出区块头的哈希值，我们就可以对该哈希值进行验证，以确保它的正确性。

(1) 检查该哈希值是否满足当前的难度目标值。在区块链的应用如比特币中，难度目标值是由当前网络的算力决定的，该目标值是一个固定的 256 位值，用于限制区块产生的速度。具体来说，一个区块的哈希值必须小于当前的难度目标值才能被接受，否则就需要重新计算区块头的随机数，直到找到一个符合要求的哈希值为止。

（2）检查该区块的前一个区块头的哈希值是否与当前区块头中的 PrevBlockHash 字段相同。这个过程可以确保当前区块是按照正确的顺序连接起来的，不能被篡改或删除。

（3）我们需要验证当前区块包含的交易记录的 Merkle 根哈希值是否与区块头中的 Merkle 根字段相同。这个过程可以确保交易记录未被篡改或删除，且在计算过程中没有发生错误。

如果以上三个验证步骤都通过了，那么就可以确认该区块头的哈希值是正确的，进而可以继续将该区块添加到区块链上。验证区块头哈希值的正确性是区块链系统中非常重要的一环，它可以确保每个区块的完整性和正确性。验证区块头哈希值的过程包括哈希值计算和哈希值验证两个主要步骤，需要检查难度目标值、前一个区块头的哈希值以及交易记录的 Merkle 根的哈希值等信息。对于区块链系统开发者和用户而言，理解区块头哈希值的验证过程是非常必要的，这有助于加深对区块链技术的理解和使用。

在区块验证过程中，节点需要使用本地存储的区块链数据库中的数据来进行验证。如果节点发现区块不合法，则会拒绝该区块并将其从自己的数据库中删除。如果节点验证成功，则会将该区块添加到自己的数据库中，并广播给整个网络，以保持区块链的一致性。在区块链网络中，所有节点都需要验证新的区块，以确保其有效性和合法性。节点需要检查新的区块是否满足链上先前区块的哈希指针、时间戳等要求，并且是否解决了相应难题。如果新的区块验证通过，它就成为区块链上的新节点，并且其他所有节点都会同步这个新的区块数据。

5.5.5　区块链验证

除了对区块和交易进行单独的验证外，还需要对整个区块链进行校验，以确保其完整性和一致性。这种区块链的校验通常涉及以下两个方面：

（1）区块链长度验证：在区块链网络中，每个节点必须验证区块的顺序和长度是否正确，以确保网络中的所有区块都是按照正确的顺序添加的。节点通常会比对它们各自拥有的区块链副本，以找出任何不匹配的地方，并从其他节点重新同步丢失的区块。

（2）区块链完整性验证：为了维护区块链的完整性和一致性，每个节点必须验证其拥有的区块链副本是否包含正确的哈希值和工作量证明。区块链的哈希验证通常依赖于 Merkle 树数据结构，这个数据结构可以帮助节点快速验证某个交易是否在一个区块中。工作量验证则是工作量证明共识算法中使用的一种机制，它可以防止节点篡改区块链中的数据。区块链是一种去中心化的分布式账本系统，其中的每个区块都有着唯一的哈希值，这个哈希值可以被用来确保该区块的完整性、正确性以及无法篡改。因此，在区块链中，验证区块头哈希值的正确性是至关重要的。

5.6　区块链区块的更新

(1) 矿工发现新区块：矿工通过竞争性计算获得了正确答案并生成了新的区块。此时，新区块会被广播到该矿工节点的所有直接连接的节点。

(2) 节点向其他节点广播新区块：新区块会由直接连接的节点继续向它们直接连接的其他节点进行广播，直到整个网络中的所有节点都可以接收到该新区块。

(3) 节点验证新区块：接收到新区块的每个节点都需要对其进行验证，以确保新区块符合区块链的规则和标准，如工作量证明算法的正确性、交易的有效性等。如果新区块通过了验证，则该节点将该新区块添加到自己的区块链数据库中。

(4) 新区块在网络中的逐步确认：随着越来越多的节点接收和验证该新区块，新区块的确认度也会逐渐增加。当新区块的确认度达到一定的阈值时，即被视为已经被网络所接受和认可，从而成为区块链网络中最新的区块。

区块传播过程是一个多阶段的过程，包括矿工发现新区块、节点广播新区块、节点验证新区块以及新区块在网络中的逐步确认等阶段。这个过程需要保证区块能够高效、可靠地传播和更新，从而保障整个区块链网络的稳定性和安全性。

区块链中的更新指的是将新的区块添加到链的尾部。当一个节点成功地解决了一个难题并生成了一个新的区块时，它会将该区块发送给网络中的其他节点，并经过验证和同步。一旦该区块被认定有效且通过了所有的验证过程，它就会被添加到链的末尾成为最后一个区块。随着越来越多的区块被添加到链上，区块链的安全性和不可篡改性也将不断增强。

在了解区块链区块传播之前，我们需要再次回顾区块链的相关概念。区块链是由区块组成的，一个区块包含了多个交易记录。每个区块都有一个唯一的哈希值，并且存储了上一个区块的哈希值，这样就形成了一个链式结构。每个节点都可以创建区块，并将其添加到区块链上。但是，在添加新的区块之前，需要通过共识机制来验证其有效性。

5.6.1 区块传播的过程

当一个节点创建了一个新的区块并通过共识机制验证后，它需要将该区块传播给其他节点来更新整个网络。区块传播包括以下几个过程：

(1) 区块生成：每个节点都可以创建新的区块，并在其中添加交易。当一个节点创建了新的区块时，它会广播该区块的哈希值和其他需要传输的信息。

(2) 区块验证：其他节点需要验证接收到的区块是否有效。验证的内容主要包括哈希值、工作量证明或权益证明等。如果一个节点收到的区块无效，则会拒绝接受该区块，并通知其他节点不要接受该区块。

(3) 区块广播：如果一个节点接受了新的区块并验证通过，它会将该区块广播给其他节点。这个过程称为区块传播。节点可以采用点对点 (P2P) 或广播方式来传播区块。

(4) 区块同步：当一个节点收到了新的区块后，它需要与其他节点同步区块，即确认自己的区块链与其他节点的区块链是否一致，如果存在差异，则需要进行区块链重组。

(5) 区块链重组：当存在不同的区块链时，需要进行区块链重组，即以最长的链为准，将其他链上的区块全部删除。这个过程需要参考共识机制，选择最长、最合法的区块链。

5.6.2 区块传播存在的问题

尽管区块传播是区块链系统中非常重要的一环，但是它也存在一些问题：

(1) 网络延迟：由于网络延迟，节点之间在进行区块传播时，可能会出现数据包丢失或遗漏的情况，会导致传播速度较慢。

(2) 恶意节点攻击：在区块传播过程中，可能会存在一些恶意节点，它们可能会故意传递无效的或错误的区块来破坏系统的正常运行和安全。

(3) 数据冲突：当多个节点同时创建区块时，可能会产生数据冲突的情况。例如，两个节点同时将同一个交易记录添加到区块中，会导致数据不一致的情况。此时需要区块链协议来规定如何处理数据冲突。

5.6.3 区块传播的优化技术

为了解决区块链在区块传播方面的问题，研究者们提出了许多优化技术。下面介绍几种常见的技术：

(1) 压缩算法：通过压缩区块的大小来加快区块传播速度。例如，使用 GZIP 等压缩算法对区块进行压缩，可以在一定程度上减少区块传输的时间和带宽消耗。

(2) 分区技术：将区块链网络分成多个区域，每个区域之间独立运行，提高了网络性能和可扩展性。

(3) 分片技术：将区块链网络分为多个分片，每个分片拥有独立的状态和交易记录，进一步提高了网络性能和可扩展性。

(4) 轻节点技术：对于不需要完整节点的场景，采用轻量级节点来代替全节点，从而减少网络负担和传输时间。

(5) 冷备份技术：采用冷备份技术，在每个节点上保存一份区块链数据备份，以便在网络失败或被攻击时快速恢复服务。

(6) 分层协议设计：采用分层协议设计，将区块传播拆解为多个子任务，分别在不同的层次上完成，从而降低复杂度和风险。区块链区块传播是实现区块链基础功能的关键环节，它需要满足高效、安全、可靠等要求。在区块传播过程中，需要注意数据延迟、恶意节点攻击、数据冲突等问题。

为了提升区块传播速度和可靠性，需要在技术层面上不断进行优化和改进。应用这些优化技术有助于提高区块链的性能和稳定性，加速区块链的发展。

第6章 区块链的军事应用构想

前面从理论视角对区块链进行了深入的剖析和研究，那么区块链如何实际运用，尤其是在军事领域中如何应用呢？本章结合国内外学者的研究，针对较为成熟、可行的区块链军事应用进行整理，重点提出了区块链在军事指挥、军事安全认证、军队物资管理、"宙斯盾"舰等方面的应用构想，便于读者更为深入、具体地学习区块链。

6.1 区块链在军事指挥中的应用构想

6.1.1 作战计划编制

当今世界，军事领域的重要性日益凸显，随之而来的是对于军事作战计划编制的需求也日益增长。与此同时，区块链技术的快速发展和广泛应用，为军事领域提供了许多创新的解决方案。

1. 协助制订计划

在制订作战计划时，指挥员必须综合考虑多方面因素，包括敌情、战场地形、人员编制和物资供应等重要元素。同时，他们必须时刻准备应对不断变化的决策条件和执行情况，因此，作战计划必须具备高度的灵活性，以便随时进行调整和修改。

区块链技术具备去中心化、不可篡改和可追溯等特性，为指挥员制订详尽的作战计划提供了坚实的支持。通过将作战计划等关键信息记录在区块链上，我们能够保障这些信息的不可篡改性和安全性，以维护作战计划的完整性和可信度。此外，区块链技术还允许信息的实时共享和追踪，以确保指挥员和作战人员能够及时获取最新情报和指令，以便做出必要的决策和行动。

具体来说，指挥员可以通过区块链技术实现以下功能：

(1) 作战计划的安全存储：将作战计划等信息写入区块链中，确保信息的不可篡改和安全存储，防止信息被篡改或泄露。

(2) 实时共享和追踪：通过区块链技术实现信息的实时共享和追踪，以便指挥员和作战人员及时获取最新的情报和指令，从而进行相应的决策和行动。

(3) 动态调整和修改：指挥员可以通过区块链技术对作战计划进行动态调整和修改，以适应战场的变化和实际情况的需要。

(4) 信息共享和协同：通过区块链技术实现信息共享和协同，可以让各级指挥员和作战人员更好地协同作战，提高作战效率和效果。

(5) 智能化决策支持：通过区块链技术实现智能化决策支持，可以根据各种情报和数据，对作战计划进行分析和评估，为指挥员提供更加全面和准确的决策支持。

综上所述，区块链技术的应用能够有力协助指挥员制订详尽的作战计划，并在实际作战中提高作战效率和效果。这一技术的应用不仅加强了信息的可信度和安全性，还提供了实时决策支持和协同作战的机会，使军事行动更加精密和高效。

2. 保护作战数据安全

在军事作战中，确保作战数据的安全性和完整性至关重要，因为任何数据的泄露或篡改都可能对军事行动造成严重的不利影响。在这方面，区块链技术展现出分布式账本和去中心化的特点，为作战计划的编制提供了高效而可靠的安全保障。通过将作战计划数据存储在区块链上，我们可以实现对作战计划数据的安全性和完整性的有效维护。

首先，区块链技术的去中心化特性使得数据存储在多个节点上，不容易被攻击者单点攻击，保证了数据的安全性。其次，区块链技术的分布式账本特性可以保证数据的完整性。当一份作战计划数据被存储在区块链上后，任何修改都需要获得区块链网络中多数节点的认证，从而避免了数据的篡改。最后，区块链技术的不可篡改特性也可以保证数据的真实性，防止伪造数据对作战计划造成影响。

除了数据的安全性和完整性，区块链技术还为作战计划的编制提供了高效的数据共享和管理机制。通过智能合约技术，我们可以实现作战计划数据的自动化交换和更新，从而提高了数据的共享效率和数据管理的精确性。这一特性不仅有助于确保作战计划的保密性，还能够有效地减少数据泄露和篡改的风险。

总之，区块链技术以其独特的特性为作战计划的编制提供了高效的安全保障，有效地防止了数据的泄露和篡改。其分布式、去中心化、不可篡改的属性，以及智能合约技术的应用，使区块链成为确保军事作战计划数据安全和完整的可靠工具。

3. 推动作战计划智能化编制

军事智能化是当今军事领域的重要发展方向。区块链技术的特性可以用于实现智能化作战计划编制，从而提高作战效率和精确度。

首先，区块链技术可以用于实现智能化的数据共享和管理。军事作战中需要收集大量的情报信息，这些信息涉及军队、敌人和环境等多个方面，数据来源多样，数据格式也各异，需要进行整合和管理，以便作战指挥员能够及时、准确地获取和利用这些信息。区块链技术的分布式账本和去中心化的特性，能够实现多方共享和管理军事情报数据，提高数据的安全性和可靠性，同时避免了单点故障和数据篡改等风险。

其次，区块链技术还可以用于实现智能化的数据分析和预测。区块链技术能够对数据进行全面的跟踪和记录，将数据从多个源头汇总并存储在分布式账本上。通过应用人工智能和机器学习等技术，可以对这些数据进行深度学习和分析，从而提高对军事情报数据的理解和预测能力。指挥员可以根据这些数据和预测结果，制订更加精准和可靠的作战计划，提高作战效率和准确性。

最后，区块链技术还可以用于实现智能化的作战指挥和决策。指挥员可以将作战计划编制的结果和决策结果记录在区块链上，实现作战指挥的实时共享和协同，提高作战效率和精确性。同时，通过应用智能合约等技术，可以将指挥员的决策和指令快速执行，并记录在区块链上，避免信息泄露和误解等问题。

总结而言，区块链技术在作战计划编制中的应用能够推动军事智能化的发展，提高军事作战的效率和准确性。这一技术的分布式、去中心化、不可篡改的特性为军事智能化提供了可靠的支持，有助于军队更好地适应现代战争环境。

6.1.2　指挥调度管理

在当前国际局势下，国家之间的军事竞争不断升级，确保军事行动的高效性和成功率变得尤为紧迫，而指挥调度管理在这一背景下显得至关重要。区块链技术作为一种新兴技术，正逐渐引起军事领域的广泛关注和应用。在指挥调度管理领域，区块链技术可以发挥多重作用，包括分布式存储和共享，以确保指挥调度管理的安全性和可靠性。同时，区块链技术还可以实现智能合约，提高指挥调度管理的执行效率和准确性。

1. 分布式存储和共享

在指挥调度管理中，数据的安全性和可靠性是至关重要的。传统的数据存储往往依赖于中心化的存储方式，这种存储方式存在单点故障和数据泄露等风险。而区块链技术通过分布式存储和共享，可以实现数据的去中心化管理，保证指挥调度管理的数据安全性和可靠性。

具体来说，区块链技术可以将指挥调度管理所涉及的数据进行分布式存储和共享。指挥调度管理的参与者可以通过区块链网络访问和查询数据，从而实现数据的共享和交换。由于区块链技术具有去中心化的特性，因此数据的存储和共享不依赖于任何中心化机构，也不受任何单点故障的影响。这样可以保证指挥调度管理的数据安全性。

2. 指挥调度管理的智能合约

区块链技术还可以在指挥调度管理中实现智能合约，确保指挥调度管理的执行效率和准确性。智能合约是区块链中的一种程序代码，可以自动执行合约条款，不需要人工干预，且具有不可更改性和透明性等特点。在军事指挥调度中，可以通过智能合约实现任务分配、资源调配、行动协调等指挥调度流程的自动化和规范化。

举例来说，在军事指挥调度中，一场作战可能涉及多个作战单位、多个战斗任务和多个作战步骤。这些作战单位之间需要进行信息共享和协同行动，以达到最终胜利的目标。而智能合约可以根据军事指挥调度流程的需要，自动执行任务分配、资源调配、行动协调等指令。例如，一个智能合约可以自动为作战单位分配任务，根据作战单位的实时状态和作战任务的优先级，将任务分配给最适合的作战单位。另一个智能合约可以根据作战单位的需要，自动分配资源，如武器、弹药、装备等，以保证作战单位能够充分发挥作战能力。还有一个智能合约可以协调作战单位之间的行动，如确保不同作战单位之间不会相互干扰或造成混乱等。这些智能合约可以在区块链上实现，确保指挥调度管理的执行效率和准确性，同时也保证了指挥调度管理的透明化和可追溯性。

3. 去中心化的决策机制

当军队在战场上面对各种危机和不可预测的变化时，需要快速做出决策并实施，这时指挥决策机制的速度和准确性变得至关重要。区块链技术可以通过去中心化的决策机制帮助指挥决策更加快速和准确。

传统的指挥调度管理通常由中心化机构或个人来做出决策。这种方式存在着单点故障和单点脆弱性等问题。如果中心化机构或个人出现错误或被攻击，则会导致指挥决策的延误或失误，甚至带来灾难性的后果。因此，区块链技术的去中心化特性可以有效地缓解这些问题。

在基于区块链的指挥调度管理中，各个部门或指挥员可以成为节点，参与到决策的制订和执行中。每个节点都可以验证和监控所有的决策记录，因此任何错误都会得到及时的纠正和处理，决策的透明度和可追溯性也会得到很大的提高。

区块链技术可以通过智能合约的方式实现去中心化的决策机制。指挥员可以将指挥决策的条款和规则以智能合约的形式存储到区块链上，各个节点可以通过智能合约进行自动化的执行和协调。在实施中，智能合约可以对决策的执行进行自动化监测和记录，确保决策的准确性和执行效率。

此外，区块链技术还可以将人工智能技术与去中心化的决策机制相结合，通过应用机器学习算法对区块链数据进行分析，可以识别和预测不同决策的结果，并根据数据自动调整指挥决策。这有助于提高指挥决策的精度和效率，同时缩短了决策制订的时间。

总的来说，区块链技术的去中心化特点和智能合约机制可以帮助指挥员实现快速与准确的决策，保证指挥调度管理的高效性和可靠性。

6.1.3　作战行动记录

在当今时代，军事作战已经不再是单纯依赖军队数量和装备实力的对抗，而更加依赖先进的科技手段。区块链技术以其去中心化的特性和加密算法的安全性，在作战行动记录方面提供了更为安全、可靠、便捷的技术通道。这一技术可以有效地防止各种信息插入手段用于发布虚假命令，从而干扰指挥体系的风险。同时，它也能协助指挥员记录每个作战单位的位置、动向以及战斗成果等重要信息。

1. 保障作战记录的安全

区块链技术采用的加密算法和分布式存储机制，能够可靠地保护作战数据在传输和存储过程中免受篡改或窃取的风险。每个区块链节点都保存完整的数据副本，这些数据在传输过程中经过验证和加密，确保了完整性和安全性。与传统的中心化存储方式不同，区块链技术的分布式存储机制有助于降低单点故障的风险，从而保障了作战数据的可靠性和安全性。

区块链技术的去中心化特性也使得作战数据不会被集中存储在某个地方，从而降低了单点故障的风险。每一个节点都可以获取到整个作战数据的拷贝，从而实现了数据的共享和实时更新。在作战指挥方面，区块链技术可以协助指挥员实时记录每个作战单位的位置、动作和战斗成果等信息，这些信息能够帮助指挥员更好地了解作战现场的情况，及时做出调整和决策。

作战数据的安全性和可靠性一直是指挥员和士兵们非常关注的问题。传统的中心化存储方案很容易被黑客攻击，从而导致作战数据的泄露和篡改。但是，区块链技术的出现，为作战数据的安全性和可靠性提供了新的解决方案。区块链技术采用的加密算法和分布式存储机制可以保证作战数据的安全性和可靠性。每一个区块链节点都拥有完整的数据副本，数据在传输过程中会经过验证和加密，确保数据的完整性和安全性。同时，区块链技术的去中心化特性也可以避免单点故障的风险，保证了作战数据的可靠性和安全性。

2. 提高数据处理能力

在作战行动记录方面，区块链技术可以通过智能合约和加密算法，确保作战数据的实时收集和传输。智能合约可以自动化地记录作战行动，通过加密算法可以对数据进行加密，保证作战数据的安全性。此外，区块链技术的分布式存储机制也有助于快速传输和处理作战数据，从而提高了作战数据的收集和传输效率。这使得指挥员能够更快速、更准确地了解作战情况，以便及时做出调整和决策。

在数据处理方面，作战数据的处理是一个非常烦琐和复杂的过程，需要大量的人力和物力投入。但是，区块链技术的出现为作战数据的处理提供了新的解决方案。通过区块链技术，作战数据可以实现自动化处理，智能合约可以自动化记录作战行动，减少了人为干预的风险，提高了作战数据的准确性和实时性。同时，区块链技术的分布式存储机制可以实现作战数据的共享和实时更新，指挥员能够随时获取最新的作战数据，从而更好地了解作战情况，做出更准确的决策。

3. 避免敌方信息干扰

敌方采取各种信息插入手段发布假命令，从而扰乱指挥体系的风险一直存在。但是，区块链技术的出现可以有效避免这一风险。区块链技术采用的加密算法和分布式存储机制可以保证作战数据的安全性和可靠性，从而避免了通过各种信息插入手段发布假命令，从而扰乱指挥体系的风险。指挥员能够随时获取最新的作战数据，从而更好地了解作战情况，确保作战指令的准确性和及时性，有效避免了各种信息插入手段对指挥体系的干扰和破坏。

总之，区块链技术的出现为作战数据的收集、传输、处理和共享提供了全新的解决方案。通过区块链技术，可以实现作战数据的自动化记录和共享，提高了作战数据的准确性和实时性，同时也提高了作战数据的安全性和可靠性，避免了通过各种信息插入手段发布假命令，从而扰乱指挥体系的风险。在未来的作战行动中，区块链技术的应用将会越来越广泛，区块链技术将成为提升作战能力的重要工具之一。

6.2   区块链在军事安全认证中的应用构想

军事安全认证是指对军方设备与信息进行身份认证、授权认证和安全保护，以确保军方设备与信息的安全性和可靠性。在现代军事作战中，军方设备与信息的安全性和可靠性对作战结果至关重要，因此军事安全认证显得尤为重要。

目前，在军事安全认证领域存在一些问题。其一，传统的认证方法存在弊端。例如，传统的身份验证和授权验证方法通常依赖于用户名和密码，这种方式容易受到黑客攻击和破解，从而威胁到设备和信息的安全。其二，由于军方设备和信息的特殊性，传统的安全保护措施难以满足其高度安全性、可靠性和保密性的要求。

此外，随着信息技术的不断发展，军事设备和信息的安全性面临越来越多的挑战。网络攻击、数据泄露、恶意软件等安全问题不断增加，这些问题可能导致设备和信息的安全受到威胁，甚至影响军事行动的结果。同时，物联网、人工智能、云计算等新技术的广泛应用使军事设备与信息的复杂度和规模增加，传统的安全认证方法已经无法满足实际需求，因此需要采用新的技术手段来加强军事安全认证。

为了应对这些问题，需要采用新的技术手段来加强军事安全认证。区块链技术作为一种分布式账本技术，可以为军事安全认证提供可靠的身份验证、授权验证和安全保护。区块链技术可以通过建立身份链、授权链和安全链等机制，为军方设备和信息提供可靠的身份认证、授权认证和安全保护，从而提高军方设备与信息的安全性和可靠性。

6.2.1　验证访问人员的身份和授权

当今世界，信息安全问题愈加严峻，尤其对于军事领域，保障信息安全至关重要。区块链技术因其去中心化、不可篡改等特性，成为保障军事信息安全的有力工具之一。在军事安全认证方面，区块链技术可以用于确保只有授权的人员访问军方系统和设施，验证军方设备的身份和授权，保护信息安全等。

区块链技术可以用于确保只有授权的人员访问军方系统和设施。在军方系统和设施中通常会保存大量敏感信息和技术。因此，必须确保只有授权人员才能够访问这些资源。传统的身份验证方法通常采用密码或生物识别技术，但这些方法都有可能被破解或冒充。区块链技术可以提供一种去中心化的身份验证方法，从而更好地保障安全性。具体来说，区块链身份验证可以分为两个部分：身份注册和身份验证。

身份注册是指用户将自己的身份信息存储在区块链上。在此过程中，用户需要提供自己的身份证明，以便其他节点验证其身份。这种身份证明可以是传统的证件、密码或生物识别信息等。身份注册完成后，区块链将为用户生成一个去中心化数字身份(Decentrailzed Identity DID)，并将其存储在区块链上。用户可以使用该 DID 来证明自己的身份，并访问军方系统和设施。

身份验证是指军方系统或设施验证用户身份。当用户尝试访问军方系统或设施时，系统将要求用户提供其 DID，并使用密码学技术验证该 DID 是否有效。如果 DID 有效，则系统将允许用户访问，否则将拒绝用户访问。由于区块链的去中心化特性，任何节点都可以验证用户的身份，从而大大提高了身份验证的安全性和可靠性。

6.2.2　验证军方设备的身份和授权

在军事领域，设备的身份验证非常重要，因为任何未经授权的设备都可能成为安全威胁。传统的设备身份验证方法通常基于设备厂商提供的设备证书或数字证书等。然而，这些证书容易被篡改或伪造，从而使得设备身份验证不再可靠，而区块链技术则可以通过去中心化、不可篡改的方式，为军方设备提供可信的身份验证。

具体来说，区块链技术可以通过建立设备身份链，对设备进行身份验证。设备身份链是将每一个设备的身份信息存储在区块链上，并将这些身份信息串联起来形成的一个链条。当一个设备加入军方系统或网络时，其身份信息将被添加到设备身份链上。这个过程需要被认证的设备厂商提供数字证书或数字标识符等信息，以保证设备身份信息的准确性和可信度。设备身份链上的每个身份信息都被数字签名，使得身份信息不可篡改。在设备身份链上存储设备身份信息，可以防止设备伪装和冒充，从而提高军方设备的安全性。

另外，区块链技术还可以为军方设备提供授权验证。授权验证是指验证设备是否被授权使用某一项功能或服务。对于军方设备而言，授权验证尤为重要，因为任何未经授权的设备都可能引发安全隐患。传统的授权验证方法通常基于数字证书或数字签名等技术，但这些方法容易被篡改或伪造，而区块链技术可以通过建立授权链，为设备提供可靠的授权验证。

授权链是将每个设备的授权信息存储在区块链上，并将这些授权信息串联起来形成的一个链条。当一个设备需要使用某一项功能或服务时，系统将要求设备提供其授权信息。设备授权信息将被添加到授权链上，并经过数字签名，以保证其不可篡改。当其他设备需要验证设备的授权信息时，系统将检查该设备在授权链上的授权信息是否有效。如果有效，则允许设备使用相应的功能或服务。授权链的建立，可以帮助军方防止未经授权的设备使用敏感功能或服务，从而提高军方设备的安全性。

6.2.3　信息安全防护

在军事领域，保护信息安全是非常重要的。传统的保护信息安全的方法通常采用密码学技术、网络安全防护等手段，但这些方法存在被攻击和破解的风险。区块链技术可以通过去中心化、不可篡改的方式，提高信息安全的可靠性。

具体来说，区块链技术可以通过建立安全链，为军方信息提供保护。安全链是将每个数据的安全信息存储在区块链上，并将这些安全信息串联起来形成的一个链条。当军方系统或网络收到新的数据时，其安全信息将被添加到安全链上。安全信息包括数据的来源、加密方式、签名等信息。这些安全信息都被数字签名，使得数据的安全信息不可篡改。在安全链上存储数据的安全信息，可以防止未经授权的用户访问敏感数据，并防止数据被篡改或泄露。

　　此外，区块链技术还可以实现分布式存储和备份，从而增强军方信息的容错能力和抗攻击能力。传统的数据存储和备份方法通常采用集中的方式，数据都存储在同一台服务器上。这种方法存在单点故障和被攻击的风险。区块链技术可以通过建立分布式存储和备份系统，将数据分散存储在多个节点上，从而避免了单点故障和被攻击的风险。当某个节点出现故障时，系统可以自动从备份节点中恢复数据，保证数据的可用性和完整性。

　　总之，区块链技术在军事安全认证方面的应用具有广阔的前景。区块链技术可以通过建立身份链、授权链和安全链等机制，为军方设备和信息提供可靠的身份验证、授权验证与安全保护。这些机制可以防止设备被伪装和冒充、防止未经授权的设备访问敏感功能或服务、防止数据被篡改或泄露等，从而提高军方设备和信息的安全性与可靠性。

6.3　区块链在军队物资管理中的应用

　　军队物资管理是指对军队所需物资的计划、采购、存储、配发、消耗、报废等环节进行管理，保障军队训练和战斗任务的顺利开展。军队物资管理工作具有极高的重要性，直接关系到军队装备保障和任务执行的能力。

　　目前，军队物资管理存在一些问题。首先，物资管理手段相对滞后，管理手段和方式还停留在传统的手工管理和纸质档案阶段，无法满足现代化战争的需要。其次，物资管理效率不高，物资的采购、存储、配发等环节存在着大量的人为干预，不仅影响了管理效率，还容易出现管理上的问题。再次，物资质量和真实性监管不到位。因为军队物资管理工作涉及的物资种类繁多，流转频繁，监管难度较大，所以有时容易出现物资质量和真实性问题。最后，物资库存和使用情况监管不充分。由于人工监管难度大，因此容易出现数据错误和人为失误，导致物资使用不充分，浪费和损耗严重。

　　因此，为了提高军队物资管理工作的效率和精度，需要采用现代化技术手段，如区块链技术，实现物资质量和真实性的监管，提高军队采购的效率和透明度，实现物资库存和使用情况的自动监管，从而保障军队的装备和物资保障工作。

6.3.1 物资质量和真实性监管

物资的质量和真实性是物资管理的重要问题。在传统的物资管理中，由于物资生产、流转和检验等环节的数据难以有效地监管和记录，物资的质量和真实性无法得到充分保障，因此物资管理效率低下，安全性难以保证。区块链技术的出现，为解决这一问题提供了新的思路。

区块链技术是一种基于去中心化、分布式账本的技术，可以实现数据的全程可追溯、不可篡改和去中心化记录。在物资管理中，区块链技术可以将物资生产、流转和检验等环节的数据记录在区块链上，确保物资的全程可追溯和不可篡改。物资的每一个环节都可以在区块链上记录，从而形成一个完整的物资生命周期记录。

例如，军队物资管理需要对物资的质量和真实性进行严格监管。传统的物资管理中，物资的质量和真实性监管难度较大，容易出现信息不对称和数据篡改等问题。区块链技术的出现，可以为军队物资管理提供更高效、透明和安全的解决方案。

在军队物资管理中，区块链技术可以记录物资的生产、流转和检验等环节的数据，实现物资的全程可追溯和不可篡改。物资生产厂家可以将物资的生产数据记录在区块链上，包括物资的生产时间、生产批次、物资的质量等信息。在物资的流转过程中，物资的流转信息也可以记录在区块链上，包括物资的进库、出库、调拨等信息。在物资的检验过程中，物资的检验数据也可以记录在区块链上，包括物资的检验结果、检验时间、检验人等信息。通过在区块链上记录物资的生产、流转和检验等信息，军队物资管理部门可以随时查看物资的全程记录，保证物资的质量和真实性。

此外，区块链技术还可以实现物资质量和真实性的自动监管。例如，军队物资管理部门可以在区块链上设置物资质量和真实性的标准。在物资的生产、流转和检验等环节中，如果物资的质量和真实性不符合标准，系统会自动发出警报，提醒相关人员采取相应措施。这种自动监管机制可以显著提高物资质量和真实性的监管效率，减少了人为失误对物资管理的潜在影响。

综上所述，区块链技术为军队物资管理提供了一种创新性的解决方案，可以有效解决物资质量和真实性监管方面的问题，提高了物资管理的效率和安全性。

6.3.2　军队物资采购领域

军队采购是一个庞大、复杂的系统工程，涉及多个部门、多个环节和大量的资金。在传统的军队采购中，存在信息不对称、数据篡改、审批流程烦琐等问题，导致采购效率低下，成本高昂。区块链技术的出现，为军队采购提供了更高效、透明和安全的解决方案。

区块链技术能够实现军队采购的去中心化、不可篡改和可追溯性，有效地解决了信息不对称和数据篡改等问题。在军队采购中，区块链技术可以将采购环节的数据记录在区块链上，形成一个完整的采购生命周期记录。采购人员可以在区块链上记录采购计划、招标文件、投标报价、采购结果等信息，而供应商则可以在区块链上提交投标报价并提供供应链信息等。采购结果可以在区块链上进行公开发布，供应商能够随时查看采购结果，从而确保采购过程的公开透明。同时，区块链技术还能够实现采购流程的自动化和智能化，提高了采购效率并减少了人为失误。

举例来说，美国国防部曾进行了一项区块链采购项目，价值约 700 万美元，涉及 20 个部门、8 个供应商以及 200 多份文件。在传统采购流程中，采购人员需要数周时间来完成这一采购流程。然而，当他们采用区块链技术时，仅需 3 天时间就成功完成了整个采购过程。这个案例证明了区块链技术在军队采购领域的应用潜力，为军队采购提供了一种高效、安全、透明和可追溯的解决方案。

6.3.3　物资库存和使用情况监管

军队物资管理部门需要对物资的库存和使用情况进行监管，确保物资的合理分配和使用。在传统的物资管理中，库存和使用情况往往需要手动记录和统计，容易出现数据错误和人为失误。区块链技术可以实现物资库存和使用情况的自动监管，减少人为失误，提高监管效率。

具体而言，区块链技术可以将物资的库存和使用情况详细记录在区块链上，建立一个完整的物资管理生命周期记录。物资的各种操作，包括入库、出库、移库等，都可以在区块链上得以记录，使得物资的流通和使用情况变得清晰透明。军队物资管理部门可以随时查询相关的区块链记录，了解物资的库存状况和使用情况，以便及时进行调拨和管理。

同时，区块链技术还可以实现物资使用情况的自动监管。例如，在军队训练过程中，每个士兵都需要使用一定数量的弹药。传统的弹药使用监管需要手动记录每个士兵使用的弹药数量和种类，容易出现数据错误和遗漏。使用区块链技术，可以在每个士兵的装备中加入智能标签，记录士兵使用弹药的情况。每次士兵使用弹药，智能标签就会在区块链上进行记录，这保证了弹药使用情况的真实性和可追溯性。军队物资管理部门可以通过查询相关区块链上的记录，了解每个士兵使用弹药的数量和种类，及时补充和调配物资。

总的来说，区块链技术在军队物资管理中具有广泛的应用前景。通过实现物资质量和真实性的监管、提高军队采购的效率和透明度、实现物资库存和使用情况的自动监管，可以提高物资管理的精度和效率，减少人为失误，保障军队的装备和物资保障工作。当然，区块链技术在军队物资管理中的应用还需要进一步的研究和实践，只有不断提高区块链技术水平和应用能力，才能为军队现代化建设提供更好的支撑。

6.4　区块链在"宙斯盾"舰上的应用构想

美国海军的"宙斯盾"舰是一种驱逐舰，属于"阿利·伯克"级导弹驱逐舰的一种，具有高度的机动性和灵活性，拥有一系列先进的雷达、通信和武器系统，以提供全方位的多任务执行能力，包括反导弹、反舰、反潜和防空等，可以说是美国海军中的顶尖舰艇之一。

"宙斯盾"舰的设计目的是作为高度灵活、高度机动性的多任务平台，用于执行多种任务，包括反导弹、反舰、反潜和防空等。该舰采用先进的船体设计和技术，以提供先进的操纵性和动力性能。该舰的总长约为 155 米，排水量约为 9200 吨，可容纳超过 300 名船员和军事人员。此外，"宙斯盾"舰还配备了各种先进的雷达、通信系统、武器系统、反舰导弹、反潜武器和近防炮等设备。"宙斯盾"舰的最大特点是其先进的防御系统，包括"宙斯盾"系统、标准 SM-2 反舰导弹、SM-3 反弹道导弹、SM-6 近程防空导弹、Evolved Sea Sparrow 导弹和"菲尼克斯"反潜鱼雷等。其中，"宙斯盾"系统是该舰的核心，它由 AN/SPY-1 多功能雷达、AN/SPS-67 次级雷达、AN/SPS-73 导航雷达和 MK 99 火控系统等组成。该系统可以在不同的频段上探测和跟踪目标，同时可以对多个目标进行处理和攻击，大大提高了舰艇的反导能力。

　　"宙斯盾"舰整合了强大的雷达系统和大量不同的武器系统,包括 100 多个导弹发射单元(每个能发射数十种不同类型的导弹)、2 座独立的"密集阵"近防系统、6 个鱼雷发射管、1 门 5 英寸舰炮及多挺机枪。让这些作战系统一起发挥作用而不损害舰艇,是一项比较有挑战的工作。对美海军而言,"宙斯盾"系统已投入使用逾四十年,作为一个中心化的指挥控制系统,它将传感器和武器系统衔接起来,犹如拳击手使用大脑将眼睛和拳头进行衔接一样。然而,中心化也是一个弱点,重击拳击手的头部,便能将其击倒。区块链技术的存在,为分布式数据库管理和决策奠定了基础。换言之,既有中心化的力量,又有去中心化的安全性。区块链技术的去中心化特点可以增强作战系统的安全性和鲁棒性,同时保留中心化的协调能力,提高作战效率。具体而言,区块链技术通过哈希结果,使得多个独立系统实时验证数据是否相同,从而实现了不同武器系统的独立运行和协调相互行动,提高了整个系统的作战效能。此外,现今处理能力的成本已经大幅降低,数据的价值也有所提升,因此,区块链技术将处理能力"去中心化"在成本上也是可行的。因此,将区块链技术应用于"宙斯盾"舰的作战系统,有望为美海军未来发展带来重要的优势和能力。

第 7 章　区块链的军事前景展望

区块链技术的快速发展，特别是与大数据、人工智能、物联网等技术的兼容，在不同领域都展现出了不一样的风采，表现出了非常广阔的应用前景。本章结合区块链在军事领域的应用，展望其在作战指挥、数据传输、军事物流、军事人力资源管理、无人机集群作战等领域的应用前景，奠定读者区块链未来发展与应用的基本观念。

7.1　准确、顺畅的作战指挥

当今战争已不再是传统的两军对抗，而是一场全方位、复杂、多变的信息化战争。在这样的背景下，作战指挥需要更加高效、准确、安全、可靠的技术支持。区块链技术的出现为解决这些问题提供了一种新的思路和方法。

区块链技术可以实现作战数据的自动化记录和共享，从而减少了数据记录和传输的时间与精力，提高了数据的准确性和实时性，同时也提高了作战指挥的效率和准确性。指挥员可以通过智能合约实时了解每个作战单位的位置、动作和战斗成果等信息，做出更准确的决策，指挥体系的协调与配合也将更加紧密和顺畅。

此外，区块链技术的分布式存储和密码学特性可以实现作战数据的安全性与可靠性。区块链上的数据不可篡改和删除，任何人都无法对数据进行修改或者删除，确保了数据的完整性和可靠性。同时，区块链技术还可以实现作战数据的加密存储和传输，保护作战数据不被未授权的人员访问和窃取，提高了作战数据的安全性。

通过智能合约，指挥员可以实现对作战数据的自动化记录和处理，实现作战指挥的智能化和自动化。指挥员可以通过智能合约指挥作战单位的动作和战斗行动，实现指挥体系的自动化协调和配合。区块链技术可以实现作战数据的公开透明，任何人都可以随时查看作战数据的记录和处理过程，从而保证了作战指挥的透明度和公正性。

因此，区块链技术在作战指挥中的应用前景广阔，它可以提高作战指挥的效率和准确性，提高作战数据的安全性和可靠性，实现作战指挥的智能化和自动化，提高指挥体系的透明度和公正性，这些都是作战指挥所急需的。可以预见，在未来的作战指挥中，区块链技术将发挥越来越重要的作用。

7.2　安全、可靠的数据传输

区块链技术在信息数据传输方面的应用前景非常广阔，可以应用于军事通信和军事情报领域，提高信息传输的效率和保密性，为军队指挥决策提供更加准确、及时的数据支持。

在军事通信领域，区块链技术可以实现分布式存储和点对点传输，将信息数据分散储存于网络中的每个节点上，实现信息传输的去中心化、安全和高效。传统的军事通信系统中，由于信息数据的传输路径固定、易被敌方干扰，导致信息安全性不足，数据传输效率低下。区块链技术的应用可以避免这些问题，提高通信系统的安全性和效率。

例如，在军队敏感信息传输过程中，在数据共享过程中，不仅要保证信息数据的安全性，还要对相关人员和机密文件进行保护。不同于其他物品，信息数据具有模糊的特点，也就是说，即便没有对其进行盗取，但凡看过或是对其进行复制就意味着被拥有。因此，机密的信息数据通过使用区块链技术能够对此类情况进行有效解决。具体而言，通过使用区块链技术，利用该技术的可追溯特点，能够在区块链对其进行注册后对数据相关信息进行全面掌握，其中就包括信息来源归属问题，甚至可以说，通过应用区块链技术，有效解决了上述提到的模糊问题，强化其明确性和完整性。若是对某一信息来源具有疑问，可以通过回溯历史对其进行判断，有效确保信息的真实性。此外，区块链技术还可以协助指挥员记录每个作战单位的位置、动作和战斗成果等信息，提高指挥员对作战情况的掌控能力。

在军事情报领域，区块链技术可以实现情报信息的去中心化收集和共享，保障情报信息的可靠性和安全性。传统的军事情报收集和分析中，由于情报信息的来源复杂、分散，加之敌方可能通过各种手段进行干扰和破坏，因此情报信息的准确性和可靠性受到了很大的影响。区块链技术的应用可以避免这些问题，提高情报信息的收集、分析与共享的效率和安全性。此外，区块链技术还可以应用于情报预警和信息共享等方面，为军事情报工作提供更加全面、准确、及时的支持。

总之，区块链技术在军队信息数据传输方面的应用前景非常广阔。随着技术的不断发展和完善，相信它将为军队信息化建设带来更多的创新和变革。不过需要注意的是，区块链技术的应用需要结合具体的情况进行调整和优化，才能真正发挥其优势和作用。

7.3　稳妥、高效的军事物流

军事物流是指在军事活动中，对物资、人员和设备进行有效、及时和安全的调配、储备、运输和保障的一系列活动。它涉及军队的装备、武器、弹药、食品、药品、医疗设备等物资，以及军队的人员和设备的调度、运输和保障等方面。

军事物流是军队能否有效执行任务的关键，它不仅涉及军队的战斗力和作战效率，还关系到士兵的生命安全和健康保障。随着现代战争的快速发展和技术的不断进步，军事物流也面临着一系列新的挑战和问题。

首先，军事物流的效率和准确性问题是目前所面临的最大挑战之一。由于军事物资的特殊性和复杂性，物资的调配和运输往往需要大量的手工操作和信息交流，这容易导致失误和错误的发生，从而影响物资的准确性和及时性。此外，物资调配和运输的范围与规模也不断扩大，使得物资的调配与运输变得更加复杂和具有挑战性。

其次，物资的安全性和防伪问题也是当前军事物流所面临的重要挑战之一。军事物资由于其特殊性和高价值，往往成为犯罪分子和敌方势力的攻击目标，如偷盗、抢劫等。同时，物资的来源和质量的真实性与准确性也容易受到伪造和篡改，这会直接影响物资的使用效果和安全保障。

最后，军事物流的数字化和信息化程度也是当前所面临的挑战之一。随着现代技术的不断进步，军事物流的数字化和信息化已经成为发展的趋势，但目前在军事物流领域的信息系统建设还相对薄弱，信息化程度还有待进一步提高。在这一背景下，区块链技术作为一种新兴技术，凭借其可靠性、分布式数据存储和安全性，具备在军事物流领域广泛应用的潜力。

这些挑战和问题的解决将有赖于现代技术的运用，而区块链技术则提供了一种创新的解决方案，有望在军事物流中发挥越来越重要的作用。因此，军事物流领域需要不断研究和实践，以充分发挥区块链技术的潜力，提高军事物流的效率、安全性和可靠性。

7.3.1　提高物资管理的透明度和效率

军队物资管理存在许多问题，包括物资供应不足或过剩，物资采购困难，物资管理流程复杂，物资丢失或损坏，物资质量不佳等。这些问题不仅会影响军队作战能力和士气，还可能造成资源浪费和财务损失。因此，军队需要寻求新的技术和方法来优化物资管理流程、提高物资安全和准确性，以及降低管理成本。在这个方面，区块链技术可以提供更加安全、可靠和高效的物资管理解决方案，从而提高军队物资管理的透明度和效率。

首先，区块链技术可以实现对军事物资的全程追踪，从物资的采购到最终使用，所有环节的数据都可以被记录在区块链上，形成不可篡改的记录。这样可以有效地避免物资的流失和浪费，提高物资的利用率和效率。

其次，区块链技术可以实现对军事物资的实时监控和管理。通过物联网技术，可以将各种传感器和监控设备连接到区块链上，实时监测物资的位置、温度、湿度、状态等信息。这样可以实现对物资的实时监控和管理，及时发现物资的问题并采取相应的措施，提高物资的安全性和可靠性。

最后，区块链技术还可以实现对物资流通环节的透明化和优化。通过建立供应链区块链，可以实现对物资采购、物流运输、仓储管理等环节的数据记录和共享。这样可以实现对物资流通环节的透明化和优化，避免信息孤岛和数据不对称，提高物资流通的效率和可控性。

综上所述，区块链技术可以在军事物资管理中提高透明度和效率，实现物资的全程追踪、实时监控和管理，以及优化物资流通环节。这些应用可以提高军队物资管理的可靠性、安全性和效率，为军队的建设和发展提供强有力的支撑。

7.3.2　加强物资安全和防伪能力

我国军队在网络技术和信息技术两方面的发展较为缓慢，且存在大量技术漏洞，较易发生失泄密问题。国内外敌对势力容易利用网络和技术漏洞窃取军事秘密，破坏部队建设。拥有信息完整性特性的区块链技术，能实现数据存储和数据加密的有机结合，并保护高度敏感数据，在一定程度上有助于提升物资安全和防伪能力。

首先，区块链技术可以确保物资数据的真实性和来源。在平时状态下，军事物流信息存储在网络系统内，很容易被搜集而造成泄密，且在传输过程中由于要经过许多难以查证的节点，在任何节点均可能被读取或恶意修改，信息可靠性较低。通过将物资的信息记录在区块链上，可以追踪物资的生产、运输和销售过程，并验证物资的真实性和来源。这样可以防止仿冒或伪造物资，并防止假冒伪劣产品进入物资流通系统。

其次，区块链技术可以确保物资的安全性和可追溯性。在物资生产、运输和储存的过程中，区块链技术可以追踪物资的实时位置和状态，并记录所有与该物资相关的事件和交易。这些信息可以随时查阅，并可以用于确定物资是否被盗、损坏或丢失。此外，区块链技术还可以使用智能合约来限制物资流通的范围和条件，以确保物资只能被授权人员使用。

最后，区块链技术还可以增强物资管理的可视化和透明度。通过将物资信息记录在区块链上，可以实现信息共享和透明化，以便所有相关方都可以查看物资的实时状态和位置。这有助于防止内部和外部人员的欺诈和滥用，并有助于提高物资管理的效率和准确性。

综上所述，区块链技术可以提供强大的物资安全和防伪能力，从而加强军队物资管理的安全性和可靠性。

7.3.3　提高物资采购和供应链管理的效率

在军队进行物资采购的过程中，涉及多个部门和单位，包括采购管理部门、采购执行部门、评审专家、供应商等。由于信息不对称且涉及众多利益相关者，管理过程风险难以控制。目前，只能通过出台制度和加强监管来规范各方行为，以降低军队物资管理风险。然而，目前的监管手段主要是事后审查，存在采购相关文件记录容易被篡改的问题，而对供应商的监管更加困难，过往信用情况评估依赖于其在投标时提供的文件证明。

军队物资采购涉及多个领域，包括采购、运输和后勤等方面，具有较高的专业性和规模，任务繁重。在调整改革后，后勤编制减少，从采购管理部门到采购机构再到军以下部队采购部门，采购从业人员进一步减少，尤其是军以下部队采购人员，通常兼任多职，难以胜任工作。此外，采购从业人员的专业知识普及率较低，很少有专业背景，因此，许多采购从业人员在接手采购工作前未接受过专业培训，导致执行采购任务时面临困难。

区块链技术能够通过数字化和自动化实现军事物资采购和供应链管理，从而提高效率。首先，建立供应链区块链可以记录和共享物资采购、物流运输和仓储管理等环节的数据，促进信息共享和协同合作，提高采购和供应链的效率。其次，智能合约技术可以自动管理物资采购、物流运输和仓储管理等环节，提高工作效率和准确性。例如，智能合约可以自动调整物流运输路线或完成货物清关手续。最后，区块链技术还可以实现物资采购和供应链管理的透明化和可追溯性，通过全程记录和追踪物资信息，加强监督和管理，提高采购和供应链的质量和效率。

综上所述，区块链技术在军队物资采购和供应链管理中具有广泛的应用前景。这些应用可以提高效率，减少信息不对称，提高质量，同时也增强监管能力，为军队的建设和发展提供有力支持。

7.4　透明、可信的军事人力资源管理

军事人力资源管理是指军队对人员的招募、分配、培训、晋升、激励和退出等方面进行科学规范管理的过程。军队作为一个高度组织化的特殊群体，其人力资源管理具有高度的复杂性和特殊性，同时军队人员的高素质和专业化也要求军事人力资源管理具备高度的科学性和透明性。

目前军事人力资源管理存在的问题主要有：一是信息化程度不高，管理模式陈旧。传统的人力资源管理模式还是采用纸质档案、人工管理，工作效率低、信息不便共享。二是管理流程不透明，决策效率低下。军队内部的决策需要多个管理层级的协调，时间长，影响管理效率。三是激励机制不完善，人员流动性大。军队内部的激励机制相对单一，不能很好地激发人员的积极性和创造性，这也是导致人员流动性大的原因之一。

区块链技术的引入可以解决军事人力资源管理中的很多问题。区块链技术可以实现数据的共享和透明，通过共享，可以实现人员档案的实时更新，人员的信息得到全面、精准的记录和保护。同时，区块链技术可以提高决策的效率，保证管理的透明性和公正性，管理者可以在区块链上看到整个流程，减少不必要的审批环节，加快管理决策的速度。另外，区块链技术还可以通过激励机制来提高人员的积极性和创造性，提高人员的留存率和凝聚力。

总之，区块链技术的引入有望为军事人力资源管理带来显著改进，提高管理效率、透明度和激励机制，有助于更好地管理和发展军队人力资源。

7.4.1　人员档案管理

军队是一个大规模组织，有成千上万的军人需要进行人员档案管理。在传统的管理方式中，由于涉及大量人员信息的收集、整理、存储和管理，因此难以保证档案的完整性和准确性。此外，人员档案的保密性也非常重要。因此，如何有效地进行人员档案管理，保障军人的隐私权和国家安全，是军队人力资源管理的重要问题。

区块链技术可以解决上述的这些问题。

首先，区块链技术可以提供一个分布式、去中心化的档案管理平台，使得多个部门可以同时共享和访问档案信息，减少了不同部门之间信息交换的复杂性。并且由于区块链上的个人信息是通过加密来保护的，安全系数更高，减少了数据泄露的风险。例如，区块链典型的应用场景就是存证，传统中心化存储由于依靠服务器，存在容易被黑客攻击、数据容易丢失等缺点，区块链实现分布式存证，结合云平台，数据存在多个节点，即便某个节点遭受攻击发生问题，也不会影响整体系统数据安全。

其次，区块链技术可以提高档案信息的透明度和安全性，保证信息的完整性和准确性。根据上述的档案管理平台，依据人力资源分类相关要素，从多维度对相关人员进行分类划分，形成人员分类网格。再利用区块链智能合约技术，实现自动划分、编织入网。将各种规则协议转换成代码上链，对新入网人员，从多维度进行身份识别、映射，有效降低人工管理干扰因素，有利于提升精细化管理程度。

最后，由于区块链技术的去中心化特性，可以给军队相关人员贴上数据标签，每个人都会有一个像身份证一样的"数字 ID"，如基本信息、涉密等级、所在部门等。以往，对涉密人员背景、经历的调查需要花费大量的人力财力，结果还不一定准确。区块链采用分布式、可信任、不可篡改性来记录所有人员的相关数据，包括家庭情况、身体情况、政治立场等。利用去中心化的、可验证的、防篡改的储存系统，将重要的学历、受教育经历存放在区块链数据库中，形成"数据指纹"，建立准确和真实的人员档案信息库，可以节省人工验证的时间和成本，并且其中个人信息可以得到更好的保护，不会被中央管理机构或第三方机构恶意使用或泄露。

7.4.2　绩效评估和激励管理

在军队中，绩效评估和激励管理是管理人员的重要工作。目前，传统的绩效评估和激励管理方式在效率与公平性上存在一些问题。首先，传统的绩效评估和激励管理方式需要大量的人力与物力，而且过程烦琐、耗时。其次，传统的绩效评估和激励管理方式存在一定的主观性与不公平性。

区块链技术为解决这些问题提供了新的途径。通过建立一个去中心化和可信赖的绩效评估与激励管理平台，可以更精确地记录每位士兵的表现和绩效，而且这些记录都是无法篡改的。智能合约的应用可以确保评估过程的公正和透明，因为它们会自动执行预先设定的评估规则。由于数据的安全性和准确性得到了保障，军队可以更加公平地评估每位士兵的表现和绩效，从而更好地激励和奖励那些表现优异的士兵，提高整体的战斗力。

在这个区块链管理平台上，每位士兵都有一个独特的数字身份，可以将其表现和绩效与这一身份相关联。这种系统不仅提高了绩效评估的效率，还增强了管理的公正性。通过区块链技术，军队能够更好地实现绩效评估和激励管理的科学性与公平性，为提高整体战斗力提供了坚实的基础。

7.4.3　训练和培训管理

在训练和培训管理方面，区块链技术也可以发挥重要作用。军事人员的训练和培训是军事力量的重要支撑，可以提高战斗力和减少战争损失。因此，有效的训练和培训管理至关重要。区块链技术可以为军队的训练和培训管理提供以下帮助：

(1) 记录训练和培训信息。区块链技术可以记录军事人员参加的训练和培训的详细信息，如训练时间、训练课程、培训内容、成绩等。这些信息可以被其他军事机构和上级部门查看，提高信息的透明度和安全性。

(2) 建立个人培训档案。区块链技术可以用于建立个人培训档案，包括个人的培训记录、证书和成就。这些档案可以作为军人晋升和评价的依据，也可以作为证明个人技能和经验的有效工具。

(3) 改进培训课程。区块链技术可以收集和分析军人参加培训的数据，包括课程难度、学习成绩和反馈等。这些数据可以帮助教练和指挥官改进培训课程，提高培训的质量和效率。

(4) 实现去中心化培训。区块链技术可以支持去中心化培训，使军事机构能够更好地协作和分享培训资源。通过建立去中心化的培训平台，不同军事机构可以共享培训资源，降低培训成本，提高培训的效率。

(5) 实施全方位考核评价机制。在数据时代，有效的考核数据是人员评价的难点问题，对考核工作至关重要。和传统考核不同，区块链技术利用强大的数据管理能力管理海量数据信息，让计算机算法和分析技术进行自主决策。现有的绩效评估、考核评价等也早有了区块链的形式模样，如 360 度考核，使用区块链技术去中心化后，每个人都可以对其他人进行可匿名的考核评价，考核信息一旦被记录便不可篡改，防止人为干预因素。实施基于区块链的考核评价机制有利于考核评估的精准、透明。

总之，区块链技术可以帮助军队提高人力资源管理的效率和透明度，减少数据丢失和篡改的风险，同时也可以提高士兵的工作积极性和士气。虽然区块链技术在军事人力资源管理方面的应用仍处于初级阶段，但其未来的潜力是巨大的。

7.5　自主、智能的无人机集群作战

近几年，美国、俄罗斯以及北约等世界主要军事强国和组织都在推动区块链的军事化应用研究，我国也在加快推进区块链在军事应用上的相关布局。当今世界，无人机的应用范围已经越来越广泛，尤其是在军事领域，无人机的作用更是愈发重要。然而，随着无人机数量的不断增加，控制和管理无人机的难度也在逐渐增加。这时，区块链技术的出现为解决这一问题提供了新的方向。

7.5.1　实现多个无人机之间的去中心化协同控制

在无人机群军事应用中，需要对多个无人机进行协同控制。传统的方式是通过中心化的控制系统来实现协同控制。但是，中心化的控制系统容易出现单点故障，而且对于大规模无人机群体的协同控制难度较大。此时，区块链技术的去中心化特性可以为无人机的协同控制提供新的思路。

区块链技术的去中心化特性可以让多个无人机之间直接互相通信和交互，而无须通过中心化的控制系统。无人机之间可以通过区块链技术实现点对点的通信和交互，可以让无人机群体更加灵活和高效地完成任务，同时也能够更好地应对故障和攻击。由于区块链技术的智能合约可以实现对无人机之间的通信进行自动化管理，所以无人机之间的通信和交互也可以更加智能与自主化。

虽然区块链技术为解决无人机群在战场物联网应用中的安全和可信问题提供了新的途径，但无人机群与其他物联网设备的协同合作可能涉及不同的通信介质和协议。为了在这些不同通信介质和协议中实现区块链节点之间的共识，需要设计多种通信插件，以解决适配性的问题。此外，如何在满足区块链正常运行的前提下，最大限度地减少对无人机群网络带宽、存储资源和任务效率的影响，仍然是需要进一步研究的重要方向。

另外，区块链技术还为无人机之间的信任管理提供了解决方案。在无人机群中，每架无人机都是相互独立的实体，它们之间需要建立可信任的关系以实现协同控制。区块链技术通过智能合约可以有效实现无人机之间的信任管理，确保信任关系的可靠性和安全性。

综上所述，区块链技术为无人机军事应用中的协同控制提供了创新的解决方案。其去中心化特性赋予了无人机直接通信和交互的能力，同时也提高了系统的鲁棒性。然而，在实际应用中，需要解决适配性和性能优化等挑战，以充分发挥区块链技术在无人机群军事应用中的潜力。

7.5.2　实现对无人机的航迹管理和数据记录

在军事活动中，无人机的航迹管理和数据记录非常重要。区块链技术可以实现对无人机航迹的实时记录和管理，并且可以确保数据的可靠性和安全性。同时，区块链技术也可以让多个无人机之间实时共享数据，包括地图、影像、声音等，以便实现更好的协同作战。

区块链技术可以实现对无人机的航迹记录和管理。传统的方式是通过中心化的控制系统来记录和管理无人机的航迹。但是，中心化的控制系统容易出现单点故障，并且可能会被攻击和破坏。区块链技术可以实现去中心化的航迹记录和管理，可以让无人机的航迹数据更加安全可靠。

区块链技术的智能合约可以实现无人机数据的实时记录和管理。无人机可以通过智能合约来实时记录自己的位置、速度、方向等信息，并将这些信息上传到区块链网络中。区块链网络可以实时记录无人机的位置信息，以便实现实时监控和调度。同时，区块链技术的智能合约可以实现数据的共享和协同处理，以便实现更好的协同作战。

7.5.3　为无人机提供自主决策能力

无人机的自主决策能力是无人机群体的重要特性之一。随着区块链技术的发展，无人机可以通过区块链技术实现更加智能和自主的决策。

区块链技术可以实现无人机之间的自主决策。传统的无人机控制方式是通过中心化的控制系统来实现无人机的控制。但是，中心化的控制系统难以实现无人机之间的自主决策，也难以应对无人机控制系统故障等问题。区块链技术可以实现无人机之间的去中心化协同控制，可以让无人机实现更加自主的决策。

区块链技术的智能合约可以实现无人机之间的智能决策。无人机可以通过智能合约来实现自主决策，并且可以根据需要动态地调整决策。同时，智能合约可以根据无人机的数据和任务情况，实时调整无人机的控制参数和决策策略，以便实现更好的任务效果。

综上所述，区块链技术可以为无人机群军事应用提供多方面的支持和保障。区块链技术的去中心化特性可以让无人机之间实现点对点的通信和交互，以便更加高效地完成任务。区块链技术的智能合约可以实现无人机之间的智能协同和决策，以便实现更好的任务效果。区块链技术的航迹记录和管理功能可以保障无人机的安全与可靠性，同时也可以为无人机的应用提供更多的便利与支持。

然而，区块链技术在无人机群军事应用中也面临一些挑战和难题。首先，区块链技术的实时性和可扩展性需要进一步提升，以满足无人机任务的高效性和及时性需求。其次，区块链技术的安全性和隐私保护需要得到更加充分的保障，以避免可能的安全漏洞和隐私泄露问题。最后，无人机群体的规模和数量也对区块链技术的应用提出了更高的要求，需要更加先进和高效的技术与算法来应对。

总之，区块链技术为无人机群军事应用提供了新的思路和方向，可以实现无人机之间的智能协同和自主决策，以及更加高效和可靠的任务执行。随着技术的不断发展和进步，相信区块链技术在无人机群军事应用中将会得到越来越广泛的应用和推广。

参 考 文 献

[1]　TSCHORSCH F，SCHEUERMANN B. Bitcoin and beyond：A technical survey on decentralized digital currencies[J]. IEEE Communications Surveys and Tutorials，2016，18(3)：2084- 2123.

[2]　GRIBBLE S，HALEVY A，IVES Z，et al.What can databases do for peer-to-peer?[J]. University of Washington，2001.6(2).

[3]　ASPNES J，JACKSON C，KRISHNAMURTHY A. Exposing computationally-challenged Byzantine impostors[M]. New Haven，USA：Yale University，Technical Report：YALEU/DCS/ TR-1332，2005.

[4]　BAYER D，HABEr S，STORNETTA W S. Improving the efficiency and reliability of digital time- stamping//Sequences Ⅱ：Methods in Communication，Security and Computer Science[J]. New York，USA：Springer-Verlag，1993：329-334.

[5]　KING S，NADAL S. PPCoin：Peer-to-peer crypto-currency with proof-of-stake[J]. White Paper，2012.

[6]　余敏，李战怀，张龙波. P2P 数据管理[J]. 软件学报，2006，17(8)：1717-1730.

[7]　腾讯 FiT，腾讯研究院. 腾讯区块链方案白皮书[M]. White Paper，2017.

[8]　何蒲，于戈，张岩峰，等. 区块链技术与应用前瞻综述[J]. 计算机科学，2017，44(4)：1-7.

[9]　王飞跃. 软件定义的系统与知识自动化：从牛顿到默顿的平行升华[J]. 自动化学报，2015，41(1)：1-8.

[10]　曾帅，王帅，袁勇，等. 面向知识自动化的自动问答研究进展[J]. 自动化学报，2017，43(9)：1491-1508.

[11]　AMMOUS S. Blockchain technology：What is it good for?[J]. Available at SSRN 2832751，2016.

[12]　YUE K，ZHANG Y，CHEN Y，et al. A survey of decentralizing applications via blockchain：The 5g and beyond perspective[J]. IEEE Communications Surveys &

Tutorials，2021，23(4)：2191-2217.

[13]　郝琨，信俊昌，黄达，等. 去中心化的分布式存储模型[J]. 计算机工程与应用，2017，53(24)：1-7.

[14]　SASSON E B，CHIESA A，GARMAN C，et al. Zerocash：Decentralized anonymous payments from bitcoin[C]//2014 IEEE Symposium on Security and Privacy. IEEE，2014：459-474.

[15]　KILIAN J. A note on efficient zero-knowledge proofs and arguments[C]//Proceedings of the twenty-fourth annual ACM symposium on Theory of computing，1992：723-732.

[16]　赵晓琦，李勇. 可审计且可追踪的区块链匿名交易方案 [J]. 应用科学学报，2021，39(1)：29-41.

[17]　RAMACHANDRAN A，KANTARCIOGLU M. Smart provenance：a distributed，blockchain based data provenance system[C]//Proceedings of the Eighth ACM Conference on Data and Application Security and Privacy，2018：35-42.

[18]　ZHENG Z B，XIE S A，DAI H N，et al. Blockchain challenges and opportunities：A survey[J]. International journal of web and grid services，2018，14(4)：352-375.

[19]　周立群，李智华. 区块链在供应链金融的应用[J]. 信息系统工程，2016(7)：49-51.

[20]　张伟，丁开艳. 区块链的本质特征[J]. 中国金融，2017 (18)：89-90.

[21]　邵奇峰，金澈清，张召，等. 区块链技术：架构及进展[J]. 计算机学报，2018，41(5)：969-988.

[22]　章峰，史博轩，蒋文保. 区块链关键技术及应用研究综述[J]. 网络与信息安全学报，2018，4(4)：22-29.

[23]　朱建明，付永贵. 区块链应用研究进展[J]. 科技导报，2017，35(13)：70-76.

[24]　张偲. 区块链技术原理、应用及建议[J]. 软件，2016，37(11)：51-54.

[25]　袁勇，王飞跃. 区块链技术发展现状与展望[J]. 自动化学报，2016，42(4)：481-494.

[26]　孙知信，张鑫，相峰，等. 区块链存储可扩展性研究进展[J]. 软件学报，2021，32(1)：1-20.

[27]　ZHAI S，YANG Y，LI J，et al. Research on the application of cryptography on the blockchain[C]//Journal of Physics：Conference Series. IOP Publishing，2019，1168(3)：032077.

[28]　DU M X，MA X F，ZHANG Z，et al. A review on consensus algorithm of blockchain[C]//2017 IEEE international conference on systems，man，and cybernetics (SMC). IEEE，2017：2567-2572.

[29]　KAN L，WEI Y，MUHAMMAD A H，et al. A multiple blockchains architecture on inter-blockchain communication[C]//2018 IEEE international conference on software quality，reliability and security companion (QRS-C). IEEE，2018：139-145.

[30]　JOO M H，NISHIKAWA Y，DANDAPANI K. Cryptocurrency，a successful application of blockchain technology[J]. Managerial Finance，2020，46(6)：715-733.

[31]　沈鑫，裴庆祺，刘雪峰. 区块链技术综述[J]. 网络与信息安全学报，2016，2(11)：11-20.

[32]　SALOMAA A. Public-key cryptography[M]. Springer-Verlag，New Yoke，1990.

[33]　DHUMWAD S，SUKHADEVE M，NAIK C，et al. A peer to peer money transfer using SHA256 and merkle tree[C]//2017 23RD Annual International Conference in Advanced Computing and Communications (ADCOM). IEEE，2017：40-43.

[34]　曾诗钦，霍如，黄韬，等. 区块链技术研究综述：原理、进展与应用[J]. 通信学报，2020，41(1)：134-151.

[35]　谢辉，王健. 区块链技术及其应用研究[J]. 信息网络安全，2016 (9)：192-195.

[36]　蔡晓晴，邓尧，张亮，等. 区块链原理及其核心技术[J]. 计算机学报，2021，44(1)：84-131.

[37]　VRANKEN H. Sustainability of bitcoin and blockchains[J]. Current opinion in environmental sustainability，2017，28：1-9.

[38]　NOFER M，GOMBER P，HINZ O，et al. Blockchain[J]. Business & Information systems engineering，2017，59：183-187.

[39]　IANSITI M，LAKHANI K R. The truth about blockchain[J]. Harvard business review，2017，95(1)：118-127.

[40]　ACAR A Z，CLARKE O E. Applicability of Blockchain technology in the global logistics systems[J]. European Proceedings of Social and Behavioural Sciences，2021.

[41]　ALLADI T，CHAMOLA V，SAHU N，et al. Applications of blockchain in unmanned aerial vehicles：A review[J]. Vehicular Communications，2020，23：100249.

[42]　FENG W，LI Y，YANG X，et al. Blockchain-based data transmission control for Tactical

Data Link[J]. Digital Communications and Networks，2021，7(3)：285-294.

[43] CHEN S，LI Q，WANG W，et al. Application of blockchain in the cluster of unmanned aerial vehicles[J]. IET Blockchain，2021，1(1)：33-40.

[44] 董旭雷，朱荣刚，贺建良，等. 基于区块链的无人机群军事应用研究[J]. 电光与控制，2023，30(2)：56-62.

[45] 叶海明，徐晓东. 基于区块链技术的网络终端鉴权认证方法研究[J]. 计算机测量与控制，2020，28(12)：248-252.

[46] 姚前，张大伟. 区块链系统中身份管理技术研究综述[J]. 软件学报，2021，32(7)：2260-2286.

[47] 孙瑜，高化猛，迟明祎. 区块链赋能军事装备管理信息技术体系[J]. 兵工自动化，2020，39(10)：29-33.

[48] 于明媛，杨澄懿，刘俊，等. 区块链技术的军事物流应用前景[J]. 物流科技，2018，41(10)：138-140.

[49] 吴登伟，裴宜春.区块链技术及其在信息安全领域的研究[J]. 中国新通信，2022，24(1)：40-41.

[50] 黄冠霖.区块链技术在军队采购领域的应用研究[J]. 中国政府采购，2022(3)：63-69.

[51] 宋帅，何兵. 区块链技术在军事人力资源管理中的应用展望[J]. 网络安全技术与应用，2023(1)：122-123.

[52] 杨西龙，何智民，姜玉宏，等. 区块链技术在军事物流建设中的应用[J]. 军事交通学院学报，2020，22(11)：58-62.

[53] 张岩林，张昭. 区块链技术在信息安全领域的应用[J]. 网络安全技术与应用，2021(3)：14-15.